大数据技术与应用丛书

Spark 项目实战

黑马程序员 编著

清華大学出版社
北 京

内容简介

本书运用Spark计算框架的核心组件对电商数据进行分析，以项目形式呈现，其内容涵盖环境搭建、数据分析、数据持久化和数据可视化，涉及JavaEE、ECharts、Hadoop、HBase、Spark、Kafka和ZooKeeper等技术点的综合应用。针对项目开发过程的每个环节都进行了深入讲解，使读者由浅入深地了解每个环节的知识内容。

本书共分为7章。第1章主要介绍项目开发的基本情况；第2章主要介绍大数据集群环境的搭建；第3章主要介绍通过Spark实现热门品类Top10分析，并对分析结果进行持久化操作；第4章主要介绍通过Spark实现各区域热门商品Top3分析，并对分析结果进行持久化操作；第5章主要介绍通过Spark SQL实现网站转化率统计，并对分析结果进行持久化操作；第6章主要介绍通过Spark Streaming实现广告点击流实时统计，并实时持久化统计结果；第7章主要介绍通过可视化技术将第3～6章的分析与统计结果进行图形化展示。

本书配有视频、源代码、教学设计、教学PPT、教学大纲等资源。同时，为了帮助初学者更好地学习书中的内容，还提供了在线答疑，欢迎读者关注。

本书适合拥有Spark基础的读者阅读，也可以作为高等院校相关课程的教学参考书。读者不仅能够通过项目实战巩固基础知识的学习效果，还能学习商业智能系统的开发过程。

图书在版编目(CIP)数据

Spark项目实战/黑马程序员编著. —北京：清华大学出版社，2021.6(2024.2重印)
(大数据技术与应用丛书)
ISBN 978-7-302-58147-5

Ⅰ. ①S…　Ⅱ. ①黑…　Ⅲ. ①数据处理软件　Ⅳ. ①TP274

中国版本图书馆CIP数据核字(2021)第090989号

责任编辑： 袁勤勇　杨　枫
封面设计： 杨玉兰
责任校对： 焦丽丽
责任印制： 刘海龙

出版发行： 清华大学出版社
网　　址： https://www.tup.com.cn，https://www.wqxuetang.com
地　　址： 北京清华大学学研大厦A座　　**邮　　编：** 100084
社 总 机： 010-83470000　　**邮　　购：** 010-62786544
投稿与读者服务： 010-62776969，c-service@tup.tsinghua.edu.cn
质量反馈： 010-62772015，zhiliang@tup.tsinghua.edu.cn
课件下载： https://www.tup.com.cn，010-83470236
印 装 者： 三河市铭诚印务有限公司
经　　销： 全国新华书店
开　　本： 185mm×260mm　　**印　　张：** 11.5　　**字　　数：** 283千字
版　　次： 2021年7月第1版　　**印　　次：** 2024年2月第6次印刷
定　　价： 48.00元

产品编号：091740-02

序 言

本书的创作公司——江苏传智播客教育科技股份有限公司(简称"传智教育")作为我国第一个实现A股IPO上市的教育企业,是一家培养高精尖数字化专业人才的公司,主要培养人工智能、大数据、智能制造、软件开发、区块链、数据分析、网络营销、新媒体等领域的人才。传智教育自成立以来贯彻国家科技发展战略,讲授的内容涵盖了各种前沿技术,已向我国高科技企业输送数十万名技术人员,为企业数字化转型、升级提供了强有力的人才支撑。

传智教育的教师团队由一批来自互联网企业或研究机构,且拥有10年以上开发经验的IT从业人员组成,他们负责研究、开发教学模式和课程内容。传智教育具有完善的课程研发体系,一直走在整个行业的前列,在行业内树立了良好的口碑。传智教育在教育领域有2个子品牌:黑马程序员和院校邦。

一、黑马程序员——高端IT教育品牌

黑马程序员的学员多为大学毕业后想从事IT行业,但各方面的条件还达不到岗位要求的年轻人。黑马程序员的学员筛选制度非常严格,包括严格的技术测试、自学能力测试、性格测试、压力测试、品德测试等。严格的筛选制度确保了学员质量,可在一定程度上降低企业的用人风险。

自黑马程序员成立以来,教学研发团队一直致力于打造精品课程资源,不断在产、学、研3个层面创新自己的执教理念与教学方针,并集中黑马程序员的优势力量,有针对性地出版了计算机系列教材百余种,制作教学视频数百套,发表各类技术文章数千篇。

二、院校邦——院校服务品牌

院校邦以"协万千院校育人、助天下英才圆梦"为核心理念,立足于中国职业教育改革,为高校提供健全的校企合作解决方案,通过原创教材、高校教辅平台、师资培训、院校公开课、实习实训、协同育人、专业共建、"传智杯"大赛等,形成了系统的高校合作模式。院校邦旨在帮助高校深化教学改革,实现高校人才培养与企业发展的合作共赢。

(一)为学生提供的配套服务

1. 请同学们登录"传智高校学习平台",免费获取海量学习资源。该平台可以帮助同学们解决各类学习问题。

2. 针对学习过程中存在的压力过大等问题,院校邦为同学们量身打造了IT学习小助手——邦小苑,可为同学们提供教材配套学习资源。同学们快来关注"邦小苑"微信公众号。

（二）为教师提供的配套服务

1. 院校邦为其所有教材精心设计了“教案＋授课资源＋考试系统＋题库＋教学辅助案例”的系列教学资源。教师可登录“传智高校教辅平台”免费使用。

2. 针对教学过程中存在的授课压力过大等问题，教师可添加“码大牛”QQ(2770814393)，或者添加“码大牛”微信(18910502673)，获取最新的教学辅助资源。

传智教育

2022 年 7 月

前言

大数据是信息化发展的新阶段，随着全球数据储量的不断提高，大数据正进入发展加速时期。近年来，随着5G、AI、云计算、区块链等新一代信息技术的蓬勃发展，大数据技术走向融合发展的关键阶段。同时，我国大数据产业保持良好发展势头，"大数据+行业"渗透融合全面展开，融合生态加速构建，新技术、新业态、新模式不断涌现，政策支持、战略引领、标准规范、产业创新的良性互动局面正在形成。

目前市面上已经有很多大数据技术相关书籍，然而大部分书籍是基于理论或基础操作讲解单个技术点，这些书籍虽然可以使初学者掌握单个技术点的基础技能，不过对于多技术点整合使用存在一定局限性，需要读者自己去摸索，并且针对技术点的实际应用方面，欠缺带领读者体验在多技术点融合的基础上实现真实项目的操作与讲解。

作为Spark实训项目的教程，最重要且最难的一件事情就是将一些复杂、难以理解的思想和问题简单化，让初学者能够轻松理解并快速掌握Spark项目的开发流程。本书对Spark项目开发过程的每个环节都进行了深入讲解，使读者由浅入深地了解每个环节的知识内容。

本书共分为7章，接下来分别对每章内容进行简单介绍，具体如下。

第1章主要介绍项目开发的基本情况，包括项目需求、项目目标、项目预备知识、项目架构设计、技术选取、开发环境、开发工具、开发流程以及硬件要求。通过本章的学习，读者能够明确项目需求，了解项目开发相关环境以及流程，后续将基于本章介绍的项目情况进行项目的开发。

第2章主要介绍大数据集群环境的搭建，包括Linux虚拟机的安装与配置、ZooKeeper、Hadoop、Spark、HBase和Kafka集群部署，并通过相关技术的基础操作实现集群环境的测试。通过本章的学习，读者可以掌握大数据集群环境搭建技能，同时对相关技术的基础操作有初步了解。

第3章主要介绍实现热门品类Top10分析，本章分为4部分，详细讲解实现热门品类Top10分析。首先对数据集进行分析，使读者明确数据结构，便于后续合理使用数据集中的数据；接着对实现思路进行分析，使读者掌握实现热门品类Top10分析的流程；然后详细讲解如何通过IntelliJ IDEA开发工具编写Spark程序，实现热门品类Top10分析；最终将Spark程序提交到大数据集群中，通过Spark on YARN的方式运行Spark程序，并使用HBase数据库存储分析结果。

第4章主要介绍实现各区域热门商品Top3分析，本章分为3部分，详细讲解实现各区域热门商品Top3分析。首先对实现思路进行分析，使读者掌握实现各区域热门商品Top3分析的流程；然后详细讲解如何通过IntelliJ IDEA开发工具编写Spark程序，实现各区域热门商品 Top3 分析；最终将 Spark 程序提交到大数据集群中，通过 Spark on YARN 的方式运行 Spark 程序，并使用 HBase 数据库存储分析结果。

第 5 章主要介绍实现网站转化率统计，本章分为 4 部分，详细讲解实现网站转化率统计。首先对数据集进行分析，使读者明确数据结构，便于后续合理使用数据集中的数据；接着对实现思路进行分析，使读者掌握实现网站转化率统计的流程；然后详细讲解如何通过 IntelliJ IDEA 开发工具编写 Spark SQL 程序，实现网站转化率统计；最终将 Spark SQL 程序提交到大数据集群中，通过 Spark on YARN 的方式运行 Spark SQL 程序，并使用 HBase 数据库存储分析结果。

第 6 章主要介绍广告点击流实时统计。首先对数据集进行分析，使读者明确数据结构，便于后续合理使用数据集中的数据；接着对实现思路进行分析，使读者掌握实现广告点击流实时统计的流程；然后详细讲解通过 IntelliJ IDEA 开发工具编写 Kafka 生产者程序生产用户广告点击流数据；最终详细讲解通过 IntelliJ IDEA 开发工具编写 Spark Streaming 程序，实现广告点击流实时统计，并使用 HBase 数据库存储分析结果。

第 7 章主要介绍数据可视化。首先对实现可视化的技术以及系统架构进行详细讲解，使读者对实现数据可视化有初步认知；接着集成 Phoenix 与 HBase 实现将 HBase 中的数据映射到 Phoenix，通过 JDBC 连接 Phoenix 获取分析结果；然后讲解了如何创建和配置 Spring Boot 项目。最后，在 Spring Boot 项目中编写相关类、接口以及 HTML 页面实现热门品类 Top10、各区域热门商品 Top3、页面单跳转化率统计以及广告点击流实时统计的可视化。通过本章的学习，读者应掌握 Phoenix 的使用，以及如何通过 Spring Boot 项目实现数据可视化展示。

此外，本书在编写过程中，结合党的二十大精神"进教材、进课堂、进头脑"的要求，在设计项目时优先考虑贴近生活实事话题，让学生在学习新兴技术的同时掌握日常问题的解决思路和办法，提升学生解决问题的能力；在章节中加入素质教育的相关内容，引导学生树立正确的世界观、人生观和价值观，进一步提升学生的职业素养，落实德才兼备的高素质卓越工程师和高技能人才的培养要求。此外。作者依据书中的内容提供了线上学习的视频资源，体现现代信息技术与教育教学的深度融合，进一步推动教育数字化发展。

致谢

本书的编写和整理工作由江苏传智播客教育科技股份有限公司教材研发中心完成，主要参与人员有高美云、张明强、李丹等，全体人员在这近一年的编写过程中付出了许多辛勤的汗水。除此之外，还有传智播客的 600 多名学员参与了书稿的试读，他们站在初学者的角度对本书提出了许多宝贵的修改意见，在此一并表示衷心的感谢。

意见反馈

尽管我们尽了最大的努力，但书中难免会有不妥之处，欢迎各界专家和读者朋友来函给予宝贵意见，我们将不胜感激。您在阅读本书时，如果发现任何问题或有不认同之处可以通过电子邮件与我们取得联系。

请发送电子邮件至：itcast_book@vip.sina.com。

江苏传智播客教育科技股份有限公司　教材研发中心

2023 年 7 月于北京

目录

第1章 项目概述

学习目标

- 掌握项目需求和目标。
- 掌握项目所需的预备知识。
- 了解项目架构设计和技术选取。
- 了解项目环境和相关开发工具。
- 了解项目开发流程。
- 了解硬件要求。

当用户访问电子商务网站时会产生一系列行为记录,包括浏览、点击、购买、加入购物车等信息,电子商务网站一般都会将这些数据进行持久化处理,通过对用户行为数据的分析,从而挖掘出每位用户的特点及用户群体中有价值的用户,针对不同用户进行有效的扩展营销,从而提高公司的收益。本书将通过一个电商用户行为分析项目,完整演示如何使用Spark 大数据技术从用户行为数据中分析出有价值的信息。

1.1 项目需求和目标

本项目主要讲解一个电商网站的大数据统计分析平台,该平台以 Spark 为主,对电商网站的各类用户行为(访问行为、网页浏览行为和广告点击行为)进行离线和实时的分析。项目涵盖了 Spark 技术生态栈中最经常使用的三个技术框架 Spark Core、Spark SQL 和 Spark Streaming 的相关知识内容。本项目重点分析以下几点:

- 热门品类 Top10 分析;
- 各区域热门商品 Top3 分析;
- 网站转化率统计;
- 广告点击流实时统计。

希望通过本项目,能够培养读者以下几方面的能力:

- 掌握电商网站中 Spark 的主要使用场景;
- 掌握 Linux 操作系统的安装和基本操作;
- 掌握 Hadoop 高可用集群的部署;
- 掌握基于 Java 语言开发 HBase 程序;
- 掌握基于 Java 语言开发 Spark 程序;

- 掌握 Spark 集群的部署；
- 掌握 Kafka 集群的部署；
- 掌握 ZooKeeper 集群的部署；
- 掌握 HBase 高可用集群部署；
- 掌握基于 Spring Boot 进行网站开发；
- 掌握利用 ECharts 进行数据可视化开发；
- 掌握 Spark on YARN 的应用；
- 掌握 Phoenix 的部署与应用。

1.2 预备知识

本项目是对大数据知识体系的综合实践，读者在进行项目开发前，应具备下列知识储备：

- 掌握 Java 面向对象编程思想；
- 熟悉大数据相关技术，如 Hadoop、HBase、ZooKeeper、Spark、Kafka 的基本理论及原理；
- 掌握 Spark 的 Java API 程序开发；
- 熟悉 Linux 操作系统 Shell 命令的使用；
- 掌握 HBase 的 Java API 程序开发；
- 了解网站前端开发相关技术，例如 HTML、jQuery、CSS 等；
- 了解网站后端开发框架 Spring Boot 的基本用法；
- 熟悉 IDEA 开发工具的基本用法；
- 熟悉 SQL 语句的基本用法。

1.3 项目架构设计及技术选取

在大数据开发中，通常首要任务是明确分析数据的目的，也就是想要从大量数据中得到什么类型的结果，并进行展示说明。只有在明确了分析数据的目的后，开发人员才能准确地根据具体的需求去处理数据，并通过大数据技术进行数据分析，最终将分析结果以图表等可视化形式展示出来。

本项目分为离线分析系统与实时分析系统两大模块，为了让读者更清晰地了解电商网站中用户行为数据分析的实现流程，接下来，对这两个模块进行详细介绍。

1. 离线分析系统

在离线分析系统中，业务数据存放在 HDFS 文件系统中，首先从 HDFS 中获取业务数据，然后根据实际需求通过 Spark 或 Spark SQL 对数据进行离线分析，将分析结果存储到 HBase 表中，最终通过 Spring Boot 开发 Web 平台对分析结果数据做可视化展示，离线分析系统流程如图 1-1 所示。

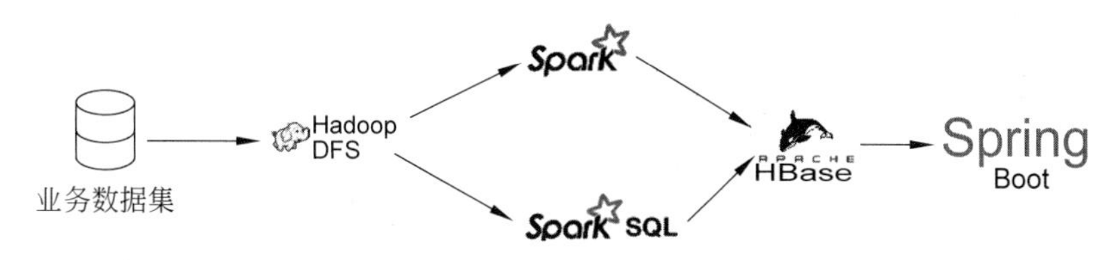

图 1-1　离线分析系统流程图

2. 实时分析系统

在实时分析系统中，通过 Kafka 生产者向 Kafka 中写入业务数据，Spark Streaming 作为消费者实时读取 Kafka 中的业务数据，通过业务数据中用户点击广告的数据实现广告点击流实时分析，将分析结果实时存储到 HBase 表中，同时使用 Spring Boot 开发的 Web 平台对实时分析结果数据做可视化展示，实时分析系统流程如图 1-2 所示。

图 1-2　实时分析系统流程图

1.4　开发环境和开发工具介绍

为了让读者更好地进行后续学习及项目开发，下面对本项目使用的开发环境和开发工具进行说明，具体如表 1-1～表 1-4 所示。

表 1-1　系统环境

系　统	版　　本
Windows	10（专业版）或者 7（旗舰版）
Linux	CentOS 7

表 1-2　开发工具

工具	版本
IntelliJ IDEA	2018.3.5
JDK	1.8
VMware Workstation	15

表 1-3　集群环境

框架	版本	框架	版本
Hadoop	2.7.4	HBase	1.2.1
Spark	2.3.2	Phoenix	4.14.1
Kafka	2.11～2.0.0	ZooKeeper	3.4.10

表 1-4　Web 环境

框架	版本	框架	版本
Spring Boot	2.1.3	ECharts	4.3.0
MyBatis	3.2.8		

1.5 项目开发流程

项目开发之前，根据项目架构和需求制定合理的开发流程，可以有效提高开发效率。为了完整呈现真实项目开发的场景，我们制定的详细的开发流程，具体如下。

1. 搭建大数据集群环境

(1) 创建虚拟机。
(2) 安装 Linux 操作系统。
(3) 克隆虚拟机。
(4) 配置 Linux 操作系统网络及主机名。
(5) Linux 操作系统下 SSH 的配置使用。
(6) 配置多台 Linux 操作系统的时间同步。
(7) 安装 JDK。
(8) 部署 ZooKeeper 集群。
(9) 部署 Hadoop 集群。
(10) 部署 Spark 集群。
(11) 部署 HBase 集群。
(12) 部署 Kafka 集群。

2. 热门品类 Top10 分析

(1) 配置开发环境。
(2) 读取业务数据。
(3) 统计每个品类中商品被加入购物车、购买和查看的次数。
(4) 合并同一品类中商品被查看、加入购物车和购买次数。
(5) 创建自定义排序类，排序规则按照各品类中商品被查看、加入购物车和购买次数进行降序排序。
(6) 获取排序前 10 名的品类并实现持久化处理。
(7) 封装程序为 jar 包，并将程序上传到大数据集群环境中通过 Spark on YARN 模式运行程序。

3. 各区域热门商品 Top3 分析

(1) 读取业务数据。
(2) 过滤业务数据，获取用户行为类型为查看商品的数据。
(3) 统计每个商品被查看次数。
(4) 根据区域对统计结果进行分组处理。
(5) 对每一组内的数据进行降序排序。

(6) 获取每一组的前三个数据并实现持久化处理。

(7) 封装程序为jar包,并将程序上传到大数据集群环境中通过Spark on YARN模式运行程序。

4. 网站转化率统计

(1) 读取业务数据。

(2) 统计每个页面的访问次数。

(3) 排序业务数据,获取每个用户浏览网页的顺序。

(4) 根据用户对用户浏览的网页进行分组处理。

(5) 将每一组内的网页转换为单跳形式。

(6) 统计每个单跳次数。

(7) 根据每个页面的访问次数和每个单跳次数计算网站转化率并实现持久化处理。

(8) 封装程序为jar包,并将程序上传到大数据集群环境中,通过Spark on YARN模式运行程序。

5. 广告点击流实时统计

(1) 启动Kafka生产者生成业务数据。

(2) 读取业务数据。

(3) 过滤业务数据中的黑名单用户。

(4) 统计每个广告在不同城市的点击次数并实现持久化处理。

(5) 统计用户出现的次数生成黑名单用户并实现持久化处理。

(6) 根据动态黑名单进行数据过滤。

6. 数据可视化

(1) Phoenix集成HBase并建立表映射。

(2) 创建并配置Spring Boot项目。

(3) 实现热门品类Top10数据可视化。

(4) 实现各区域热门商品Top3数据可视化。

(5) 实现页面单跳转化率数据可视化。

(6) 实现广告点击流实时统计可视化。

1.6 硬件要求

由于本项目搭建的大数据集群环境使用的是比较贴近实际开发的高可用集群,并且需要在开启集群环境的PC端使用IDEA进行程序开发,因此需要占用系统的资源比较多,这里建议实施本项目时使用的PC设备满足CPU大于或等于6核,以及内存大于或等于16GB,若读者的PC设备无法满足该要求,则建议在搭建大数据集群环境时使用伪分布式。

1.7 本章小结

本章主要介绍了项目开发的基本情况，包括项目需求、项目目标、预备知识、项目架构设计、项目技术选取、开发环境、开发工具、项目开发流程以及硬件要求。通过本章的学习，希望读者能够明确项目需求、了解项目开发相关环境以及流程，后续章节将基于本章介绍的项目情况进行项目的开发。

第 2 章 搭建大数据集群环境

学习目标

- 了解 Linux 操作系统。
- 掌握虚拟机的创建与启动。
- 熟悉 Linux 操作系统的安装。
- 掌握虚拟机的克隆。
- 熟悉 Linux 操作系统网络及主机名的配置。
- 熟悉 Linux 操作系统 SSH 和时间同步的配置。
- 掌握 ZooKeeper 集群部署。
- 掌握 Hadoop 集群部署。
- 掌握 Spark 集群部署。
- 掌握 HBase 集群部署。
- 掌握 Kafka 集群部署。

搭建大数据集群环境是开发本项目的基础，考虑到在实际应用中 Spark、Hadoop 和 HBase 等大数据应用都是部署在 Linux 操作系统，因此，本书将通过创建虚拟机并安装 Linux 操作系统的方式来实现大数据集群环境搭建。

2.1 安装准备

2.1.1 认识 Linux 操作系统

Linux 是一种自由和开放源码的类 UNIX 操作系统，也是一种基于 POSIX 和 UNIX 的多用户、多任务、支持多线程和多 CPU 的操作系统。伴随互联网的发展，企业对服务器速度和安全的要求越来越高，Linux 系统由于具有性能稳定、防火墙组件性能高效、配置简单等优势，得到了越来越多组织、公司和软件爱好者的支持，逐渐成为服务器首选。

Linux 拥有超过 300 种发行版，其中 CentOS、Ubuntu、RedHat、Debian 和 Fedora 发行版被 Linux 用户广泛使用。本书使用的 Linux 发行版是 CentOS。

CentOS 是商业版 RHEL(Red Hat Enterprise Linux)源代码再编译的产物，由于出自同样的源代码，因此 CentOS 具有高度稳定性，企业中的服务器通常以 CentOS 替代商业版的 Red Hat Enterprise Linux 使用。两者的不同在于 CentOS 免费开源，而 RHEL 需要付费使用。

2.1.2 创建虚拟机

搭建大数据集群环境需要安装多台服务器,这里,我们在一台计算机上安装多个操作系统为 Linux 的虚拟机,这些虚拟机将作为大数据集群环境中的服务器。本书使用的虚拟机版本是 VMware Workstation 15.5,接下来,分步骤讲解如何使用 VMware Workstation 创建虚拟机。

(1) 打开 VMware Workstation 工具,进入 VMware Workstation 主界面,如图 2-1 所示。

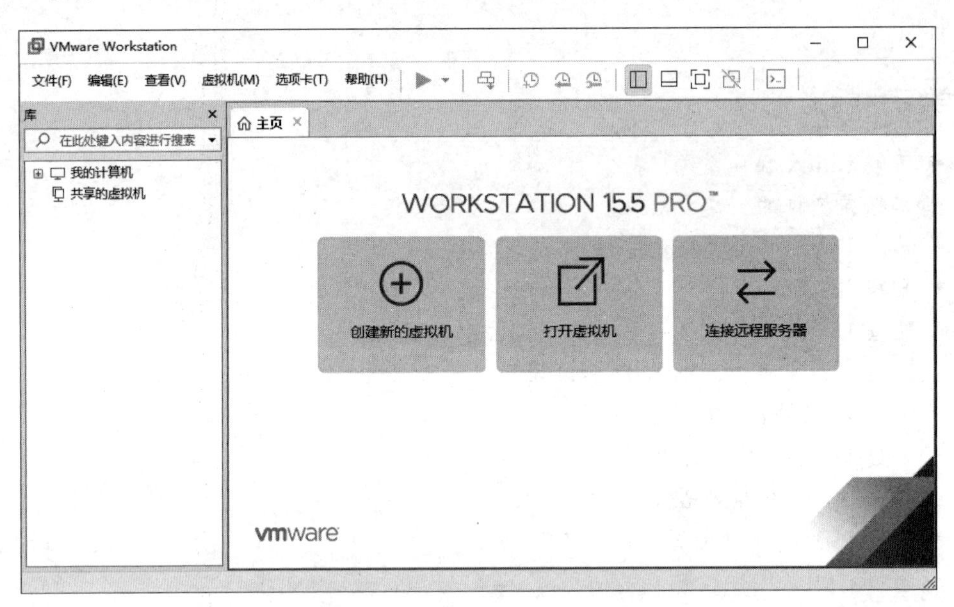

图 2-1 VMware Workstation 主界面

(2) 单击图 2-1 中的"创建新的虚拟机"选项开启新建虚拟机向导,在"欢迎使用新建虚拟机向导"界面选择"自定义(高级)"选项,如图 2-2 所示。

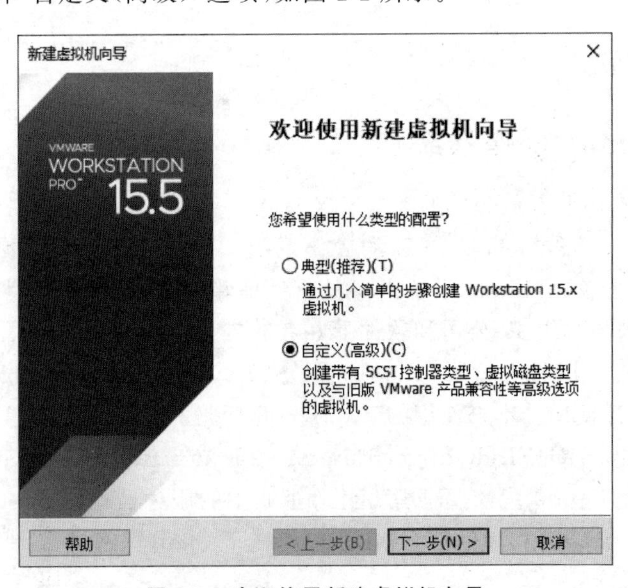

图 2-2 欢迎使用新建虚拟机向导

(3) 在图 2-2 中,单击“下一步”按钮,进入“选择虚拟机硬件兼容性”界面,这里使用当前默认的 Workstation 15.x,如图 2-3 所示。

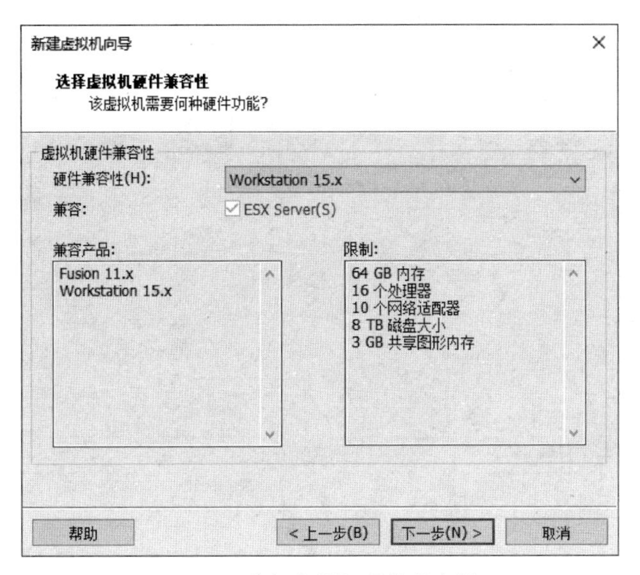

图 2-3　选择虚拟机硬件兼容性

(4) 在图 2-3 中,单击“下一步”按钮,进入“安装客户机操作系统”界面,这里选择“稍后安装操作系统”选项,如图 2-4 所示。

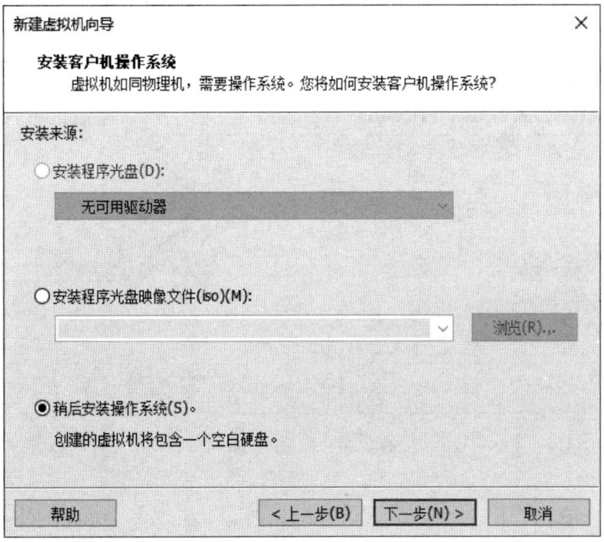

图 2-4　安装客户机操作系统

(5) 在图 2-4 中,单击“下一步”按钮,进入“选择客户机操作系统”界面,本书使用 CentOS 7 版本的 64 位 Linux 操作系统,如图 2-5 所示。

(6) 在图 2-5 中,单击“下一步”按钮,进入“命名虚拟机”界面,自定义虚拟机名称及安装位置(示例中定义了虚拟机名称为 Spark01,这里选择的安装位置为 D:\Virtual Machines

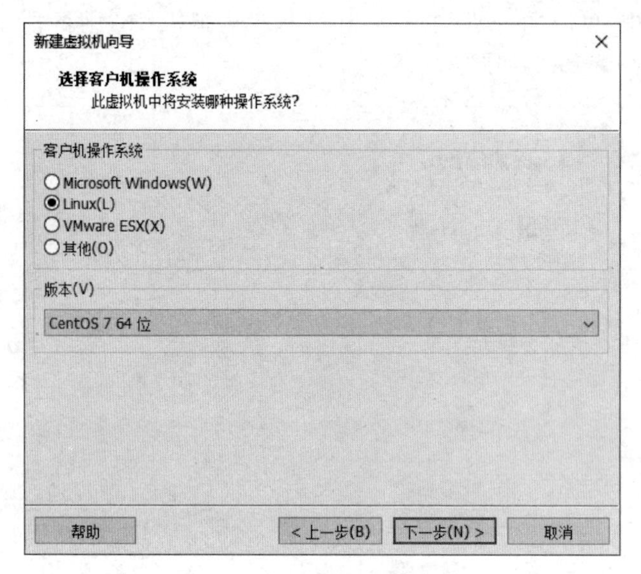

图 2-5　选择客户机操作系统

\Spark\Spark01)，如图 2-6 所示。

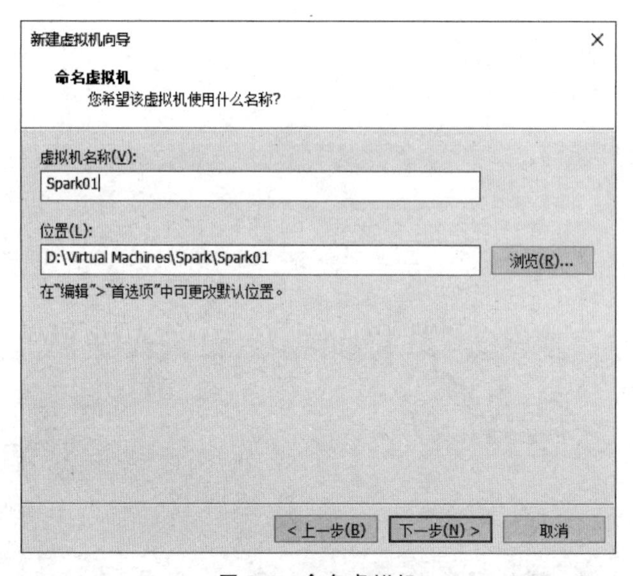

图 2-6　命名虚拟机

(7) 在图 2-6 中，单击“下一步”按钮，进入“处理器配置”界面，配置虚拟机的处理器，根据个人 PC 的硬件和使用需求进行合理分配，这里将“处理器数量”设置为 1，“每个处理器的内核数量”设置为 2，如图 2-7 所示。

(8) 在图 2-7 中，单击“下一步”按钮，进入“此虚拟机的内存”界面，配置虚拟机的内存，根据个人 PC 的硬件和使用需求进行合理分配，这里指定虚拟机内存为 4096MB(4GB)，如图 2-8 所示。

(9) 在图 2-8 中，单击“下一步” 按钮，进入“网络类型”界面，这里选择“使用网络地址转

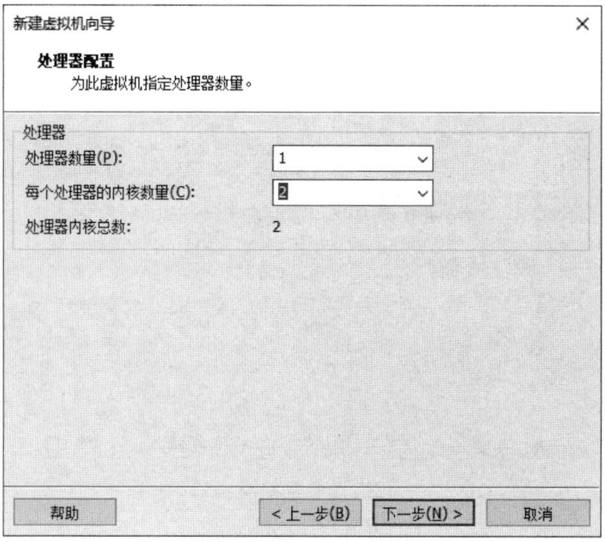

图 2-7　处理器配置

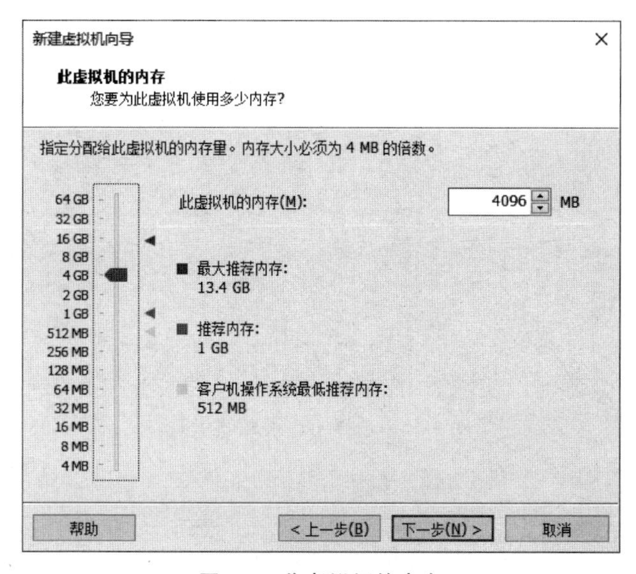

图 2-8　此虚拟机的内存

换”选项，如图 2-9 所示。

(10) 在图 2-9 中，单击“下一步”按钮，进入“选择 I/O 控制器类型”页面，这里选择默认的推荐选项 LSI Logic，如图 2-10 所示。

(11) 图 2-10 中，单击“下一步”按钮，进入“选择磁盘类型”界面，这里选择默认的推荐选项 SCSI，如图 2-11 所示。

(12) 在图 2-11 中，单击“下一步”按钮，进入“选择磁盘”界面，这里选择“创建新虚拟磁盘”，如图 2-12 所示。

(13) 在图 2-12 中，单击“下一步”按钮，进入“指定磁盘容量”界面，根据个人 PC 的硬件

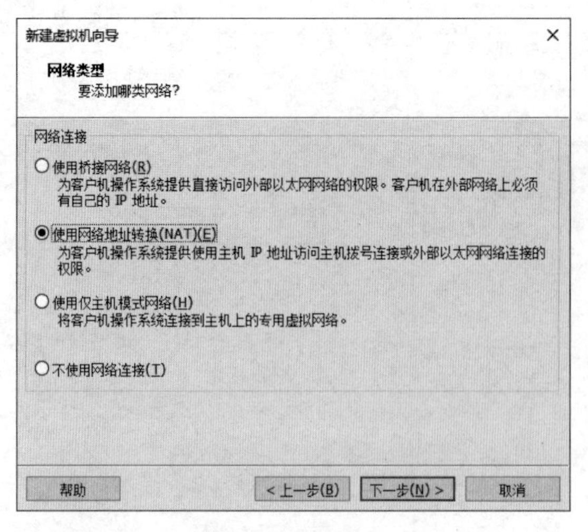

图 2-9　网络类型

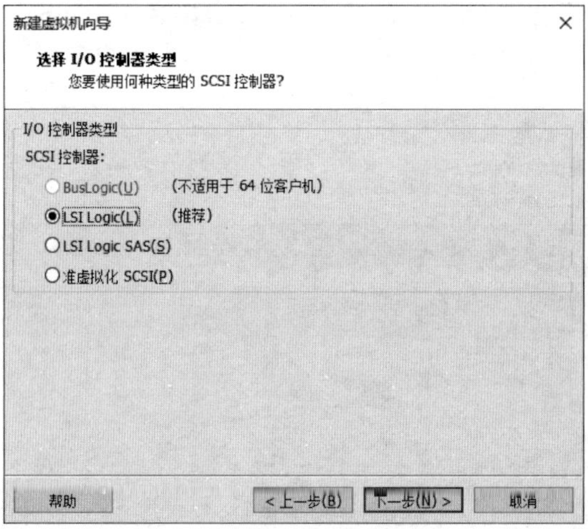

新建虚拟机向导
选择 I/O 控制器类型
您要使用何种类型的 SCSI 控制器?
I/O 控制器类型
SCSI 控制器:
BusLogic(U)　(不适用于 64 位客户机)
LSI Logic(L)　(推荐)
LSI Logic SAS(S)
准虚拟化 SCSI(P)
帮助　< 上一步(B)　下一步(N) >　取消

图 2-10　选择 I/O 控制器类型

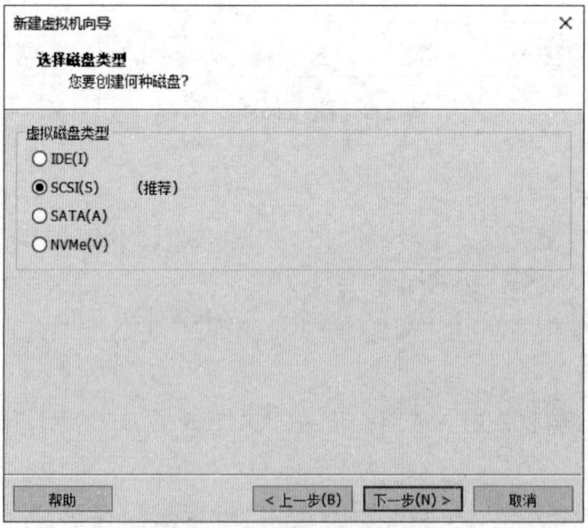

新建虚拟机向导
选择磁盘类型
您要创建何种磁盘?
虚拟磁盘类型
IDE(I)
SCSI(S)　(推荐)
SATA(A)
NVMe(V)
帮助　< 上一步(B)　下一步(N) >　取消

图 2-11　选择磁盘类型

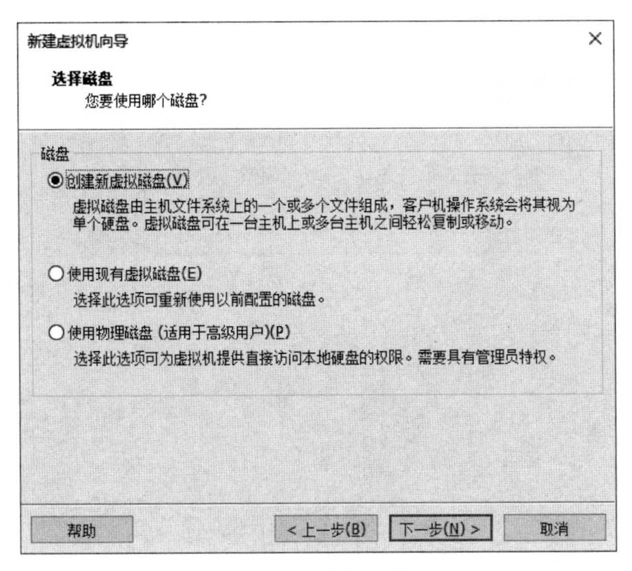

图 2-12　选择磁盘

和使用需求进行合理分配，这里指定“最大磁盘大小”为 20GB，如图 2-13 所示。

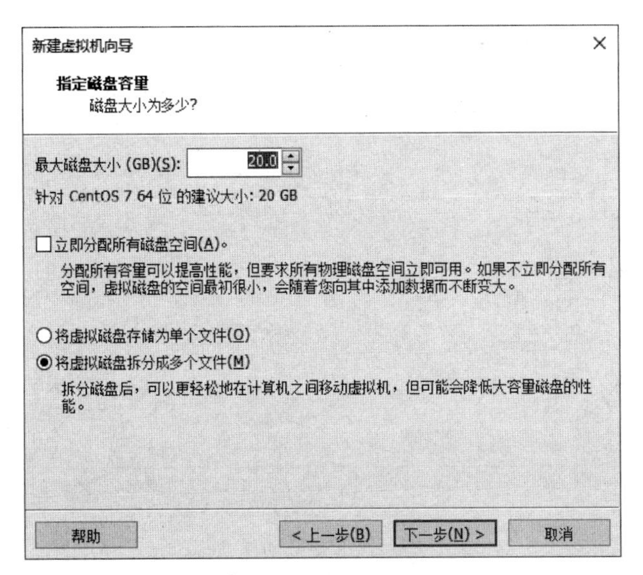

图 2-13　指定磁盘容量

图 2-13 中指定的虚拟机可用 PC 最大磁盘空间，并不会一次性占用 PC 中 20GB 磁盘空间。

(14) 在图 2-13 中，单击“下一步”按钮，进入“指定磁盘文件”界面，这里指定磁盘文件名称为 Spark01.vmdk，如图 2-14 所示。

(15) 在图 2-14 中，单击“下一步”按钮，进入“已准备好创建虚拟机”界面，确认虚拟机的相关配置，可单击“自定义硬件”按钮进行修改，如图 2-15 所示。

图 2-15 展示了已创建好的虚拟机相关参数，确认无误后，单击“完成”按钮，完成虚拟机

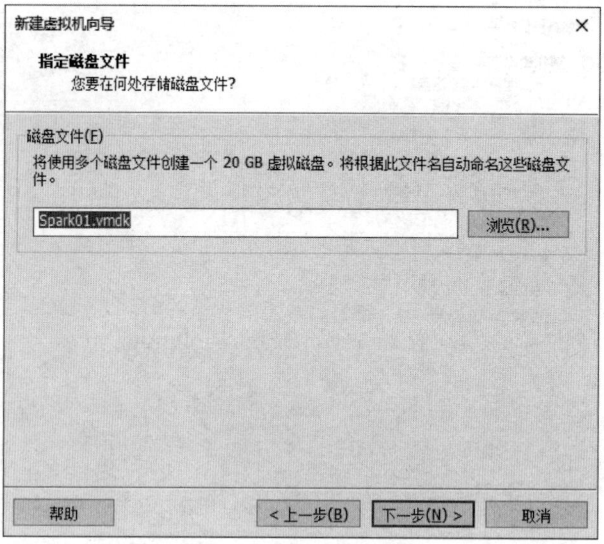

图 2-14 指定磁盘文件

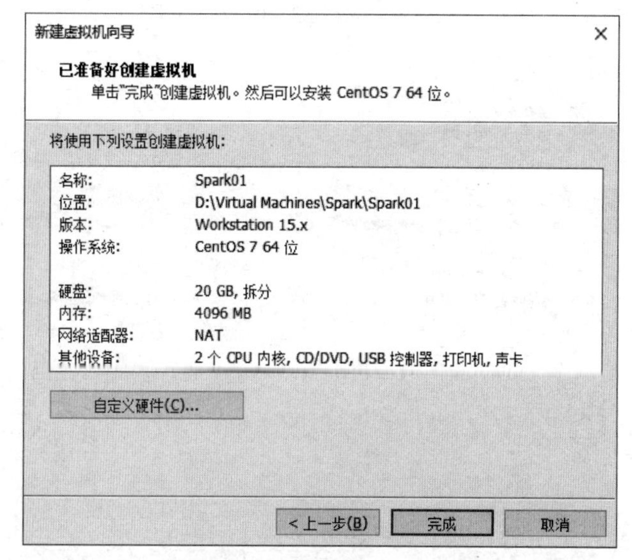

图 2-15 已准备好创建虚拟机

Spark01 的创建。

2.1.3 启动虚拟机并安装 Linux 操作系统

通过上述创建虚拟机的操作,完成了虚拟机硬件及基本信息的配置,下面分步骤讲解如何启动虚拟机并为虚拟机安装 Linux 操作系统,具体如下。

(1) 在 VMware Workstation 工具的主界面选择虚拟机 Spark01,右击,在弹出的快捷菜单中选择"设置"命令,打开"虚拟机设置"对话框,如图 2-16 所示。

(2) 在图 2-16 中,选择 CD/DVD 选项,选中"使用 ISO 镜像文件"设置 Linux 操作系统

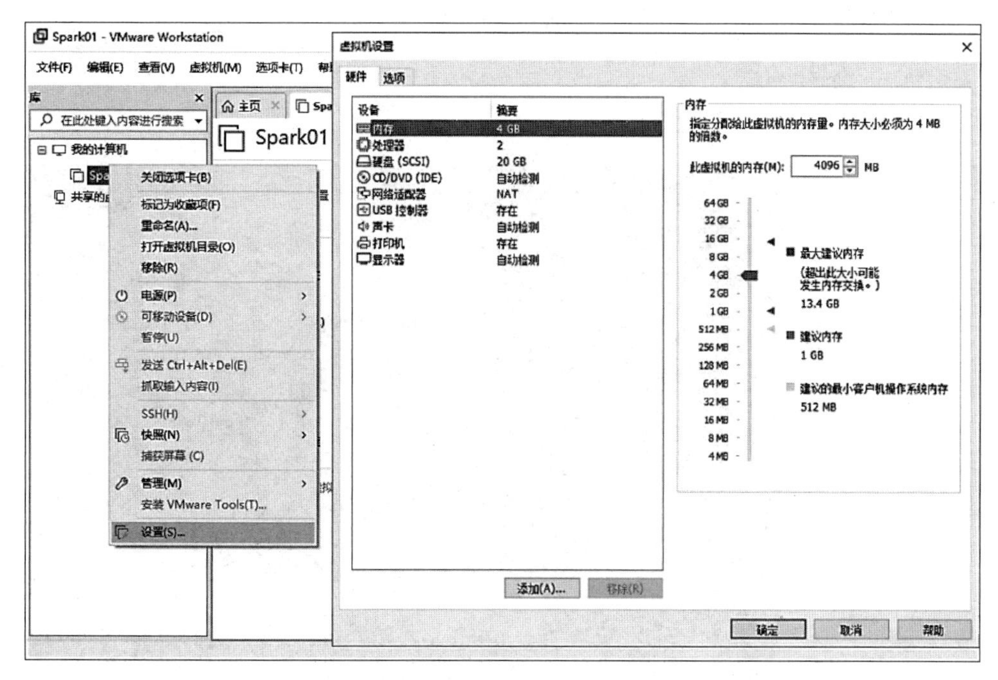

图 2-16　虚拟机设置

使用的 CentOS 7 镜像文件。可以通过单击“浏览”按钮选择 Linux 操作系统的 ISO 镜像文件所在本地文件系统的路径，如图 2-17 所示。

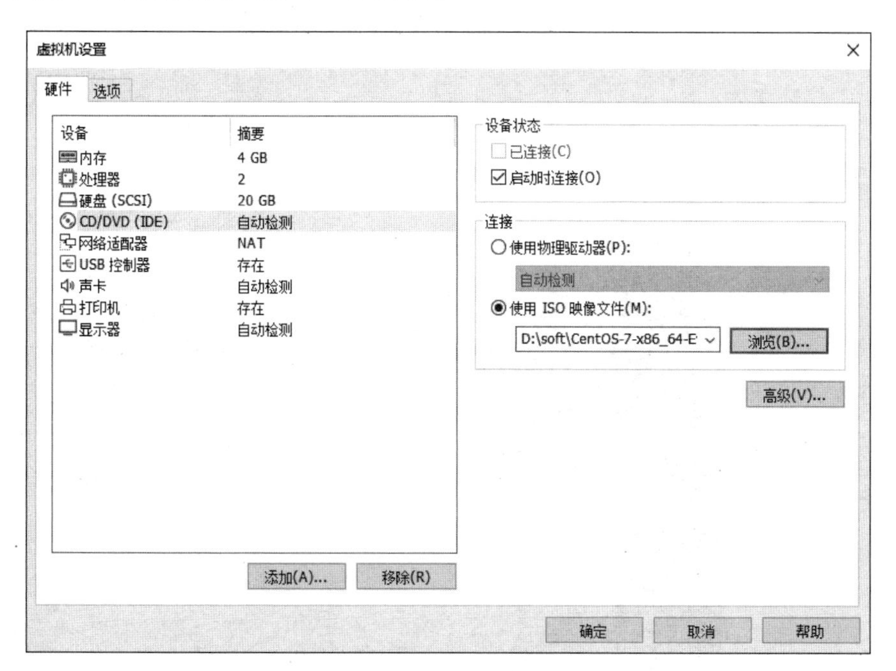

图 2-17　设置 ISO 镜像文件

(3) 在图 2-17 中，单击“确定”按钮完成虚拟机 ISO 镜像文件的配置，返回 VMware Workstation 工具主界面，在 VMware Workstation 工具的主界面选择虚拟机 Spark01，单击“开启此虚拟机”按钮，启动虚拟机 Spark01，如图 2-18 所示。

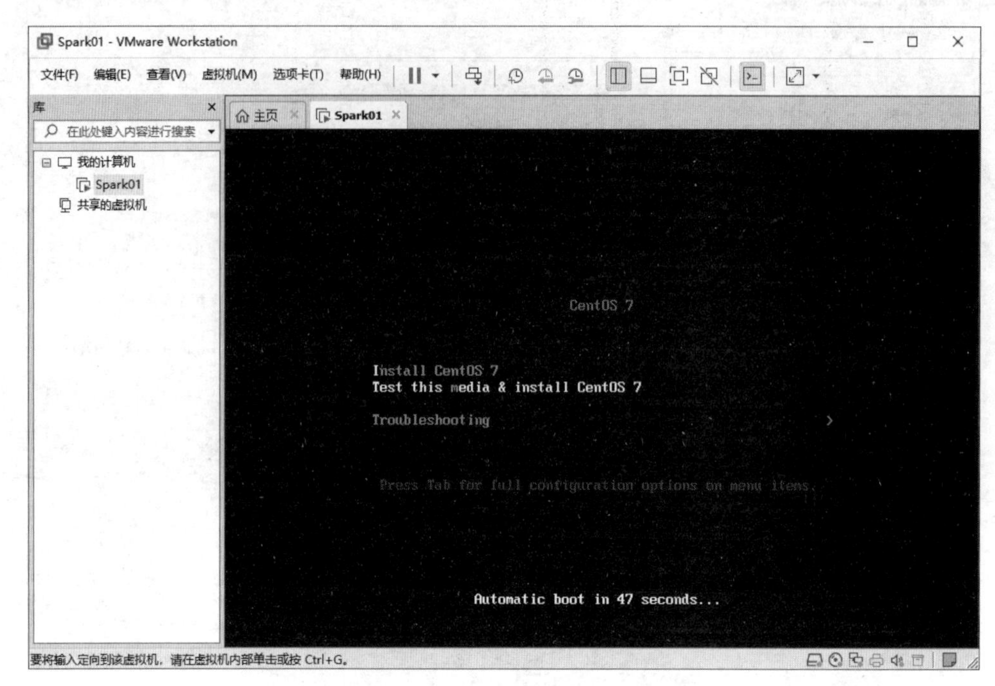

图 2-18　启动虚拟机 Spark01

(4) 在图 2-18 中，在键盘按 ↑ 键选择使用 Install CentOS 7 方式安装 CentOS 7，按 Enter 键进入 CentOS 7 安装界面，如图 2-19 所示。

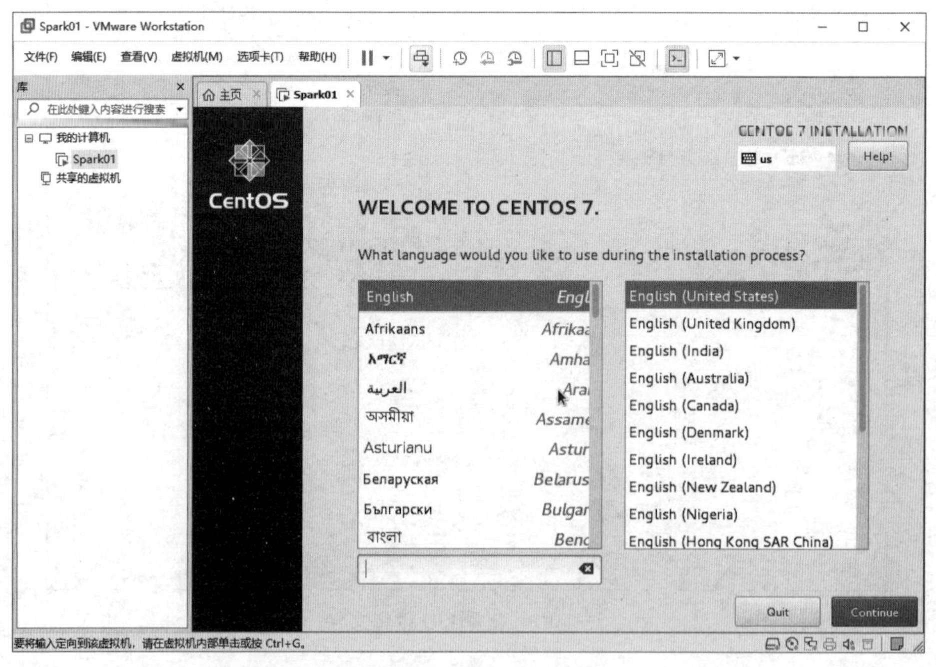

图 2-19　CentOS 7 安装界面

（5）在图 2-19 中，选择 CentOS 7 的语言，这里为了避免后续软件与系统出现兼容性问题，通常会选择默认语言 English(United States)。单击 Continue 按钮完成操作系统语言设置，进入 INSTALLATION SUMMARY 界面，在该界面配置 CentOS 7 操作系统，如图 2-20 所示。

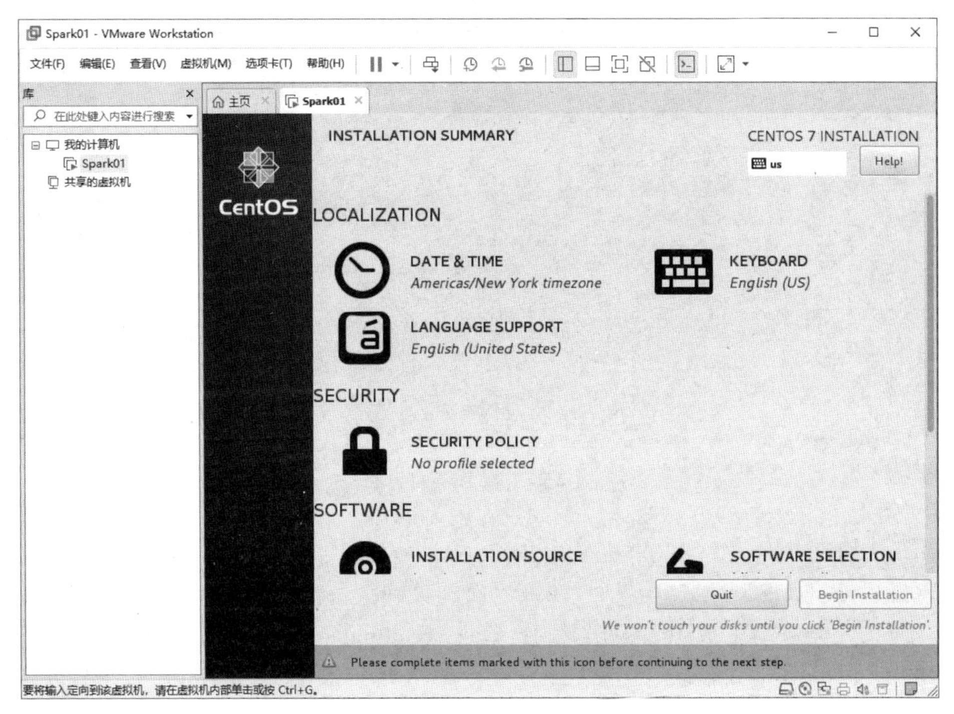

图 2-20　INSTALLATION SUMMARY 界面

（6）在图 2-20 中，单击 DATE&TIME 选项，进入 DATE&TIME 界面配置系统时区及时间，在 DATE&TIME 界面的 Region 和 City 下拉框中分别选择 Asia 和 Shanghai 完成系统时区配置。系统时间的配置可以通过手动调整的方式，也可以单击 Network Time 开关通过获取网络时间自动调整系统时间，如图 2-21 所示。

图 2-21　DATE&TIME 界面

（7）在图 2-21 中，单击 Done 按钮完成系统时区及时间配置，返回 INSTALLATION SUMMARY 界面，单击 INSTALLATION DESTINATION 选项，进入 INSTALLATION DESTINATION 界面，在该界面配置磁盘分区，如图 2-22 所示。

（8）在图 2-22 中，单击 Done 按钮使用系统默认分区完成磁盘分区配置，返回

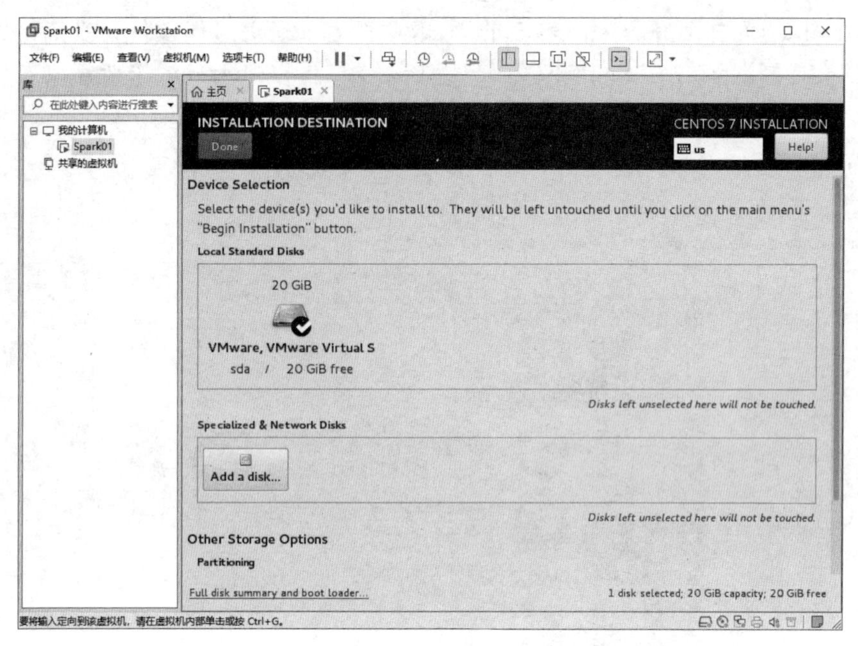

图 2-22 配置磁盘分区

INSTALLATION SUMMARY 界面，单击 NETWORK & HOST NAME 选项，进入 NETWORK & HOST NAME 界面，在该界面配置网络及主机名，单击 Ethernet 按钮打开网络连接，系统会自动生成 IP Address(IP 地址)、Subnet Mask(子网掩码)、Default Route(网关)和 DNS(域名解析器)。在 Host name 输入框内设置主机名，这里设置主机名为 spark01，如图 2-23 所示。

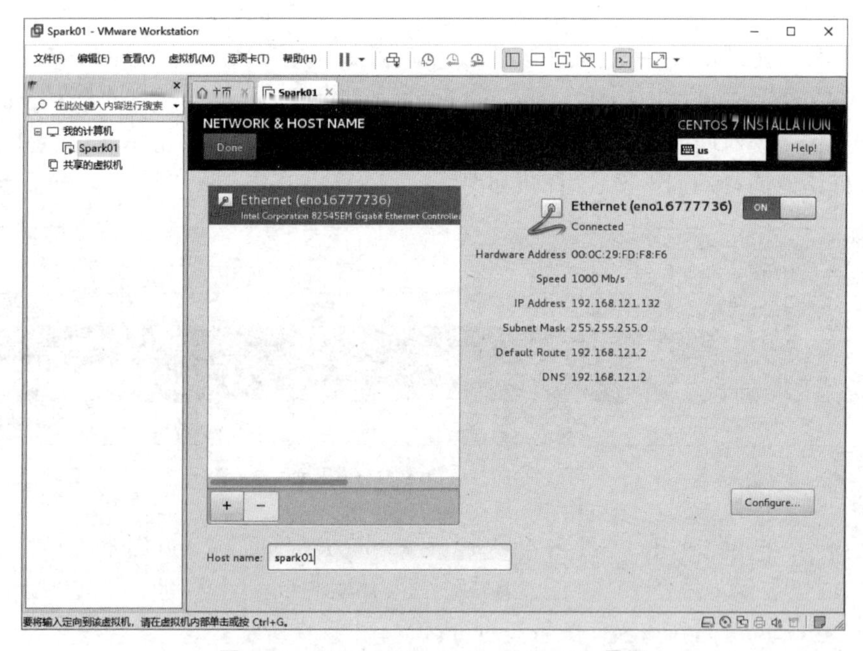

图 2-23 NETWORK & HOST NAME 界面

(9) 在图 2-23 中，单击 Done 按钮完成虚拟机网络及主机名配置，返回配置完成后的 INSTALLATION SUMMARY 界面，如图 2-24 所示。

图 2-24　配置完成后的 INSTALLATION SUMMARY 界面

(10) 在图 2-24 中，单击 Begin Installation 按钮进入 CONFIGURATION 界面，在该界面安装 CentOS 7，如图 2-25 所示。

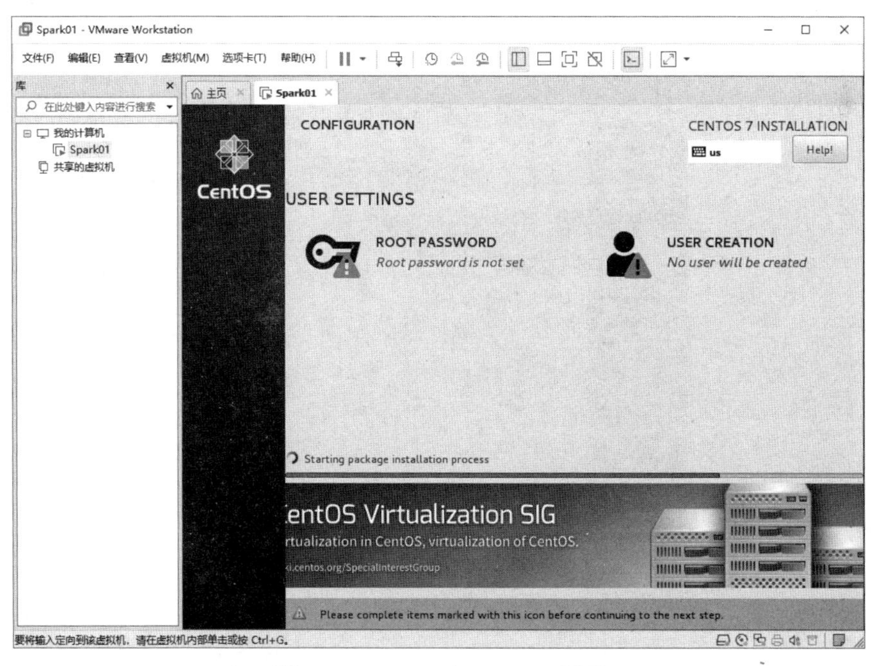

图 2-25　CONFIGURATION 界面

（11）在图 2-25 中，单击 ROOT PASSWORD 选项弹出 ROOT PASSWORD 界面，在该界面中配置系统的用户 root 的密码，如图 2-26 所示。

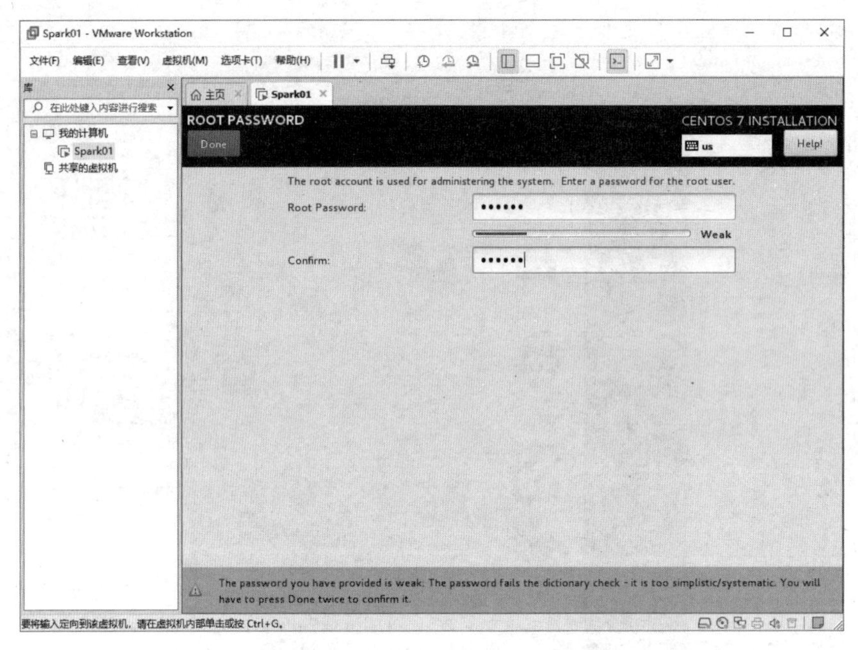

图 2-26 ROOT PASSWORD 界面

（12）在图 2-26 的 Root Password 中输入系统用户 root 的密码 123456，在 Confirm 中再次输入系统用户给 root 的密码 123456 进行验证。填写完毕后，单击 Done 按钮完成系统用户 root 的密码配置（若设置密码较为简单则需要双击 Done 按钮），如图 2-27 所示。

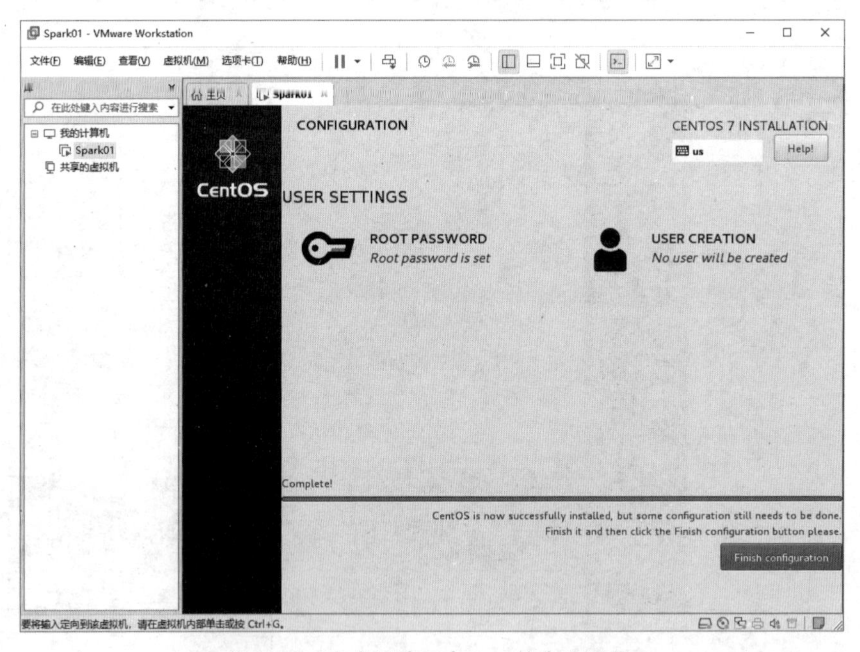

图 2-27 完成系统用户 root 的密码配置

(13) 在图 2-27 中，若无须创建非 root 用户，则单击 Finish configuration 按钮完成 Linux 操作系统安装配置，如图 2-28 所示。

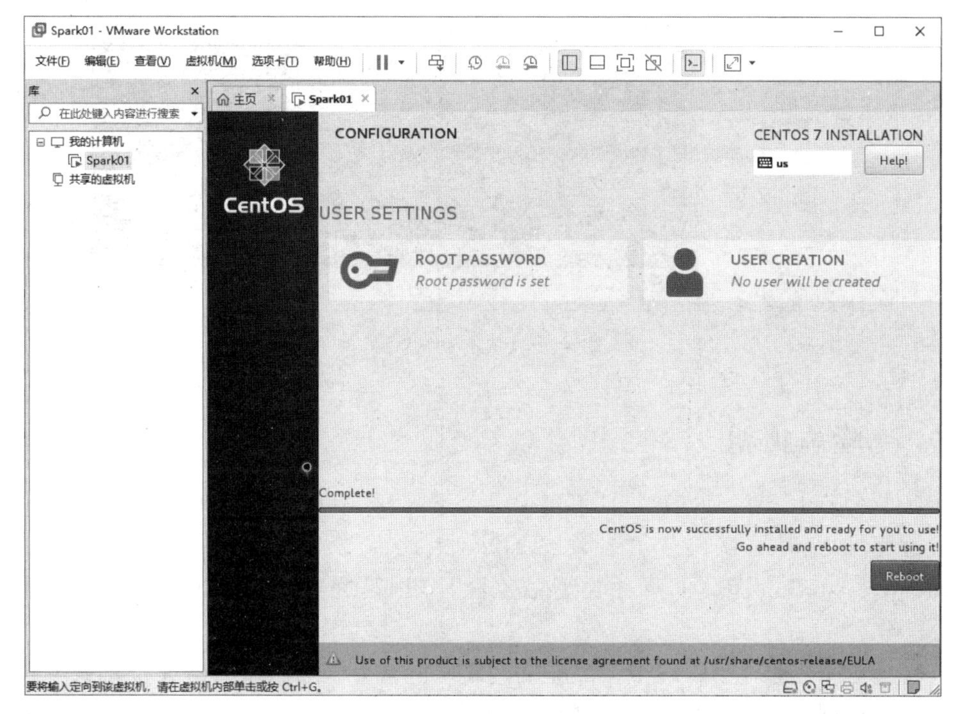

图 2-28　完成安装配置

(14) 在图 2-28 中，单击 Reboot 按钮重启虚拟机，完成 CentOS 7 安装，待虚拟机重启完成后，如图 2-29 所示。

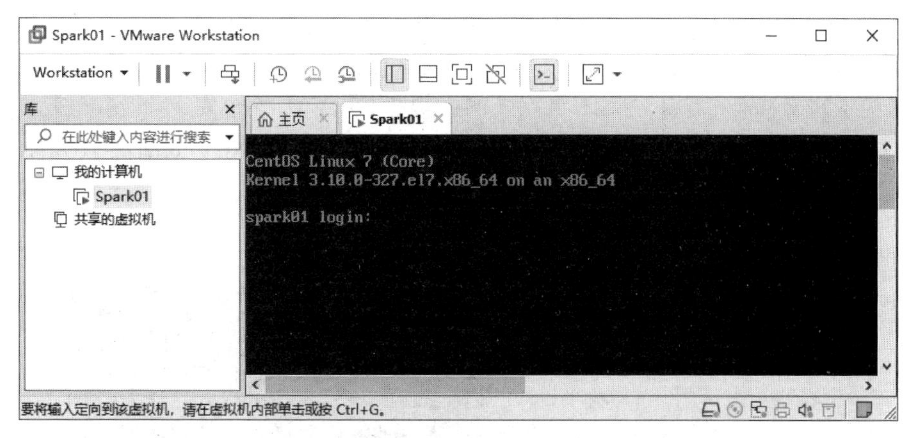

图 2-29　虚拟机重启

(15) 在图 2-29 中，输入用户名 root 和密码登录 CentOS 7，如图 2-30 所示。

至此，完成了在虚拟机中安装 Linux 操作系统的全部操作。

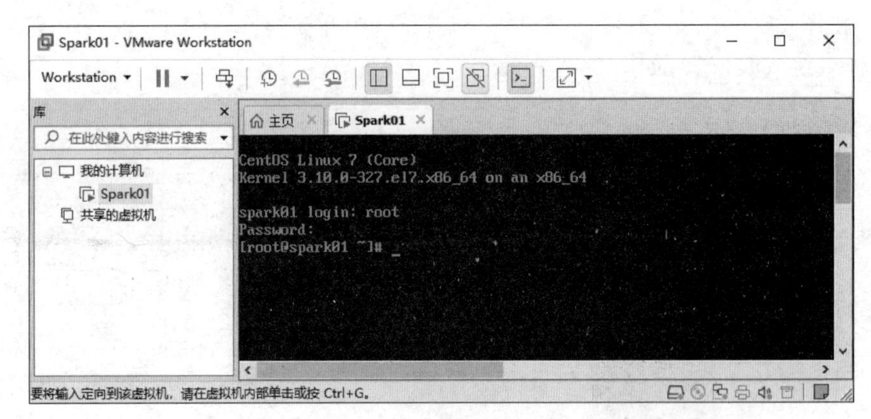

图 2-30 登录 CentOS 7

2.1.4 克隆虚拟机

目前已经成功安装一台虚拟机，该虚拟机是基于 CentOS 7 的 Linux 操作系统，而一台虚拟机远远不能满足搭建集群环境的需求，因此需要对已安装的虚拟机进行克隆。VMware Workstation 提供了两种类型的克隆，分别是完整克隆和链接克隆，具体介绍如下。

- 完整克隆：是对原始虚拟机完全独立的一个备份，它不和原始虚拟机共享任何资源，可以脱离原始虚拟机独立使用。
- 链接克隆：需要和原始虚拟机共享同一虚拟磁盘文件，不能脱离原始虚拟机独立运行。采用共享磁盘文件可以极大缩短创建克隆虚拟机的时间，同时还节省物理磁盘空间。

以上两种克隆方式中，完整克隆的虚拟机文件相对独立并且安全，在实际开发中也较为常用。因此，此处以完整克隆方式为例，分步骤演示虚拟机的克隆，具体如下。

(1) 虚拟机克隆前，需要先关闭要克隆的虚拟机，在 VMware Workstation 工具的主界面选择虚拟机 Spark01，选择“关闭客户机”命令关闭虚拟机 Spark01，如图 2-31 所示。

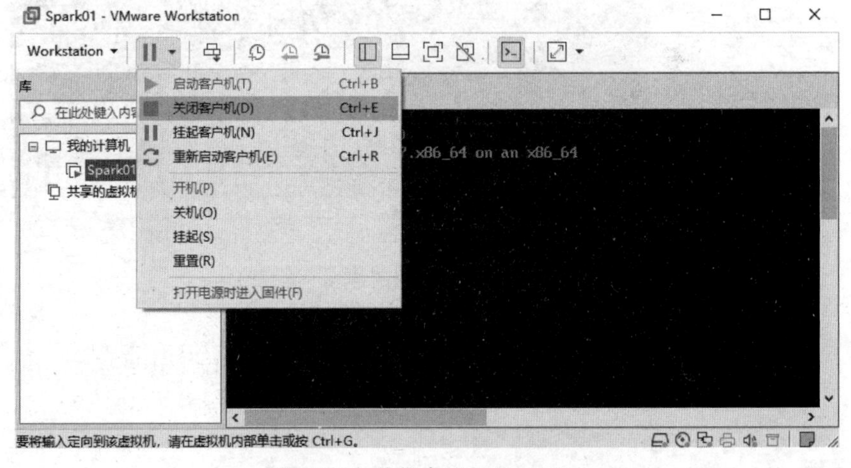

图 2-31 关闭虚拟机 Spark01

（2）在 VMware Workstation 工具的主界面选择虚拟机 Spark01，右击，在弹出的菜单中依次选择“管理”→“克隆”打开“克隆虚拟机向导”对话框进行虚拟机克隆操作，如图 2-32 所示。

图 2-32　克隆虚拟机向导

（3）在图 2-32 中，单击“克隆虚拟机向导”对话框中的“下一步”按钮，进入“克隆源”界面，在该界面指定克隆源，如图 2-33 所示。

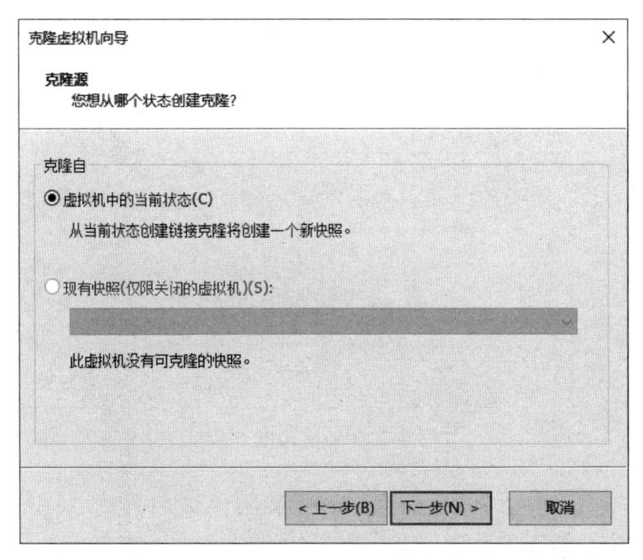

图 2-33　克隆源

(4) 在图 2-33 中,选择“虚拟机中的当前状态”,单击“下一步”按钮,进入“克隆类型”界面,在该界面选择克隆类型,如图 2-34 所示。

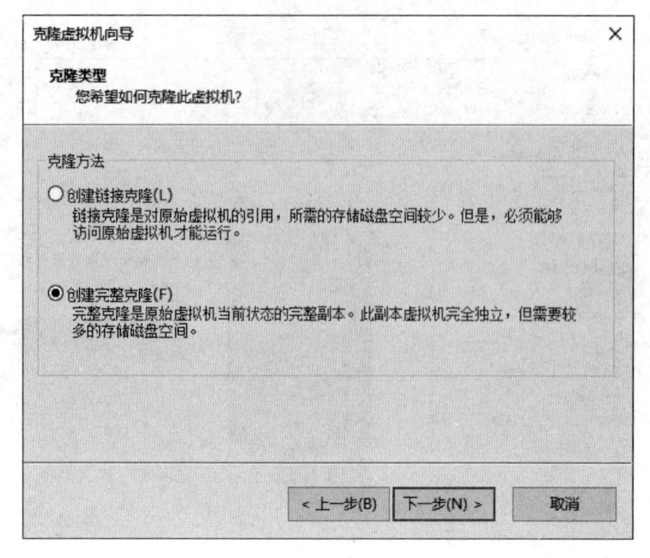

图 2-34 克隆类型

(5) 在图 2-34 中,选择“创建完整克隆”。单击“下一步”按钮,进入“新虚拟机名称”界面,在该界面自定义“虚拟机名称”和虚拟机安装“位置”,这里设置“虚拟机名称”为 Spark02,安装位置为 D:\Virtual Machines\Spark\Spark02,如图 2-35 所示。

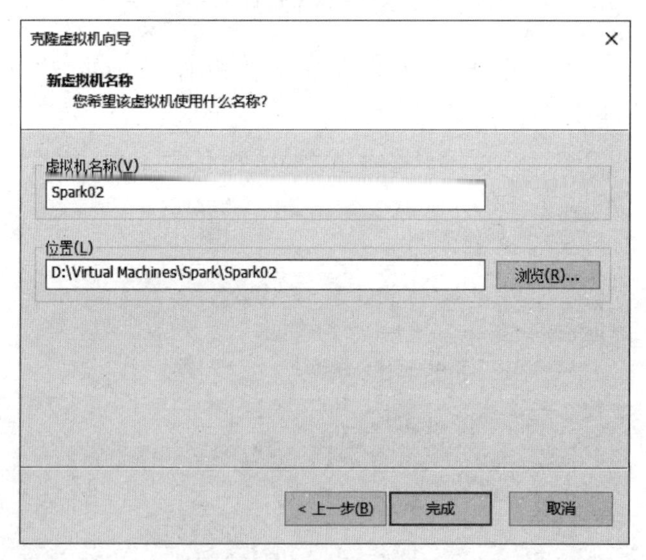

图 2-35 新虚拟机名称

(6) 在图 2-35 中,单击“完成”按钮,进入“正在克隆虚拟机”界面,在该界面显示克隆虚拟机的进度。虚拟机克隆完成界面如图 2-36 所示。

(7) 在图 2-36 中,单击“关闭”按钮完成虚拟机的克隆。

上述内容演示了通过克隆虚拟机 Spark01 的方式创建虚拟机 Spark02。关于虚拟机

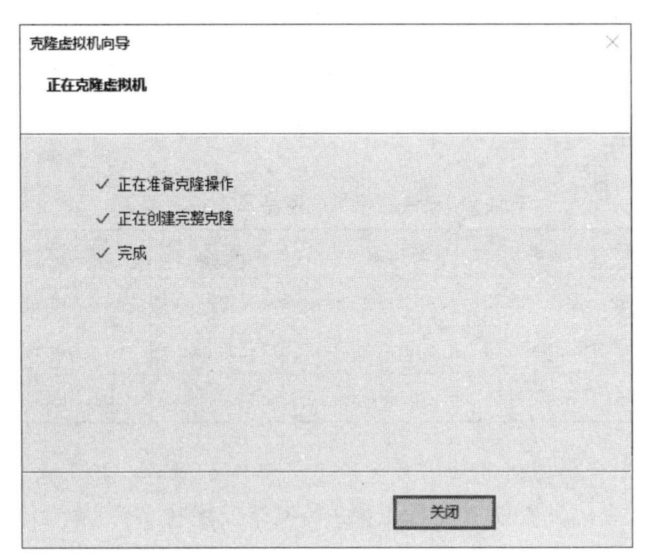

图 2-36　虚拟机克隆完成界面

Spark03 的创建可重复上述操作，这里不再赘述，创建完成后的 3 台虚拟机如图 2-37 所示。

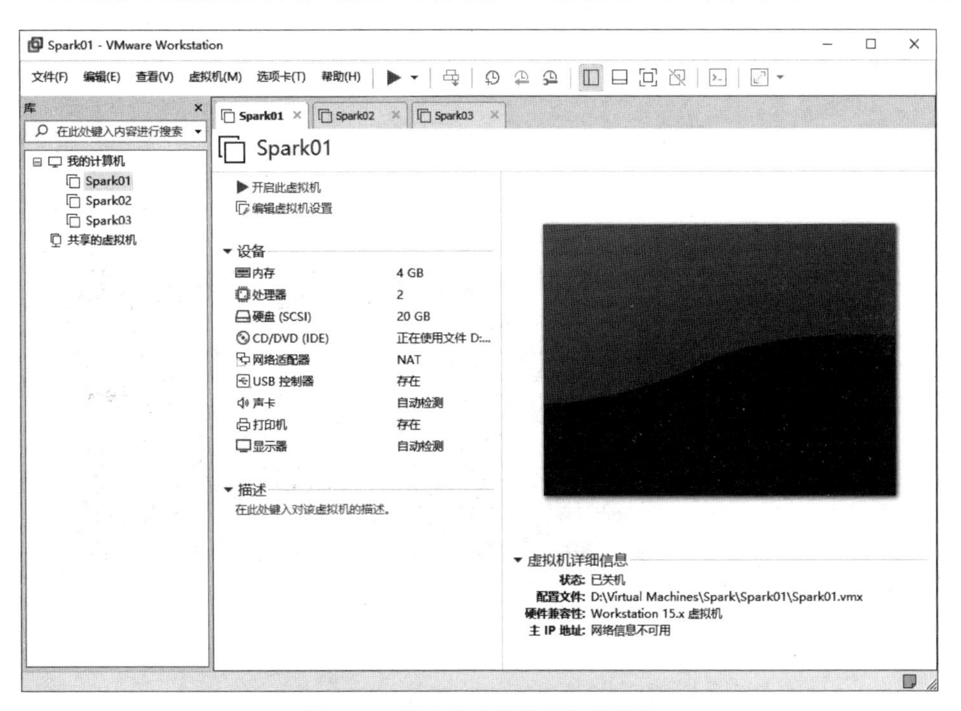

图 2-37　创建完成后的三台虚拟机

至此，我们完成了虚拟机 Spark01、Spark02 和 Spark03 的创建。

2.1.5　配置 Linux 操作系统网络及主机名

创建完成的 3 台虚拟机 Spark01、Spark02 和 Spark03 默认为动态 IP 地址，若后续重启系统后 IP 地址便会发生改变，非常不利于实际开发，且虚拟机 Spark02 和 Spark03 是通过克隆虚拟机 Spark01 创建的，这会导致这两台虚拟机的主机名与虚拟机 Spark01 的主机名一致，造成通信混淆的现象，同一主机名会指向不同的 IP 地址。3 台虚拟机的网络及主机名配置，如表 2-1 所示。

表 2-1　三台虚拟机的网络及主机名配置

服务器名称	IP 地址	主机名	子网掩码	网　关	DNS1
Spark01	192.168.121.132	spark01	255.255.255.0	192.168.121.2	192.168.121.2
Spark02	192.168.121.133	spark02	255.255.255.0	192.168.121.2	192.168.121.2
Spark03	192.168.121.134	spark03	255.255.255.0	192.168.121.2	192.168.121.2

表 2-1 介绍了 3 台虚拟机的网络及主机名的详细配置项。接下来，我们将演示如何实现这些配置内容，这里以配置虚拟机 Spark02 的网络及主机名为例，具体操作步骤如下。

1. 修改主机名

（1）在 VMware Workstation 工具的主界面选择虚拟机 Spark02 并单击“开启此虚拟机”按钮启动虚拟机 Spark02，待虚拟机启动完成后，在虚拟机 Spark02 的操作窗口输入用户名 root 及密码（与虚拟机 Spark01 创建时设置的用户 root 密码一致）登录 Linux 操作系统，如图 2-38 所示。

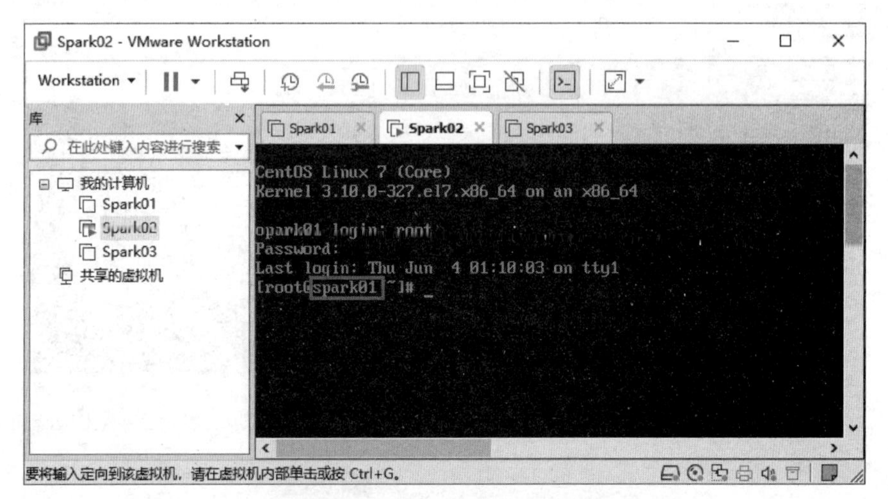

图 2-38　登录虚拟机 Spark02

从图 2-38 中可以看出，此时虚拟机 Spark02 的主机名为 spark01，与虚拟机 Spark01 创建时设置的主机名一致。

（2）在图 2-38 所示的操作窗口中执行修改主机名的命令，将虚拟机 Spark02 的主机名修改为 spark02，具体命令如下。

```
$ hostnamectl set-hostname spark02
```

上述命令中，hostnamectl 是 CentOS 7 系统中新增加的命令，主要用于查看或修改与主机名相关的配置。执行上述命令后，通过 reboot 命令重启虚拟机 Spark02，使修改主机名 spark02 的操作生效（注意：需重复上述步骤，将虚拟机 Spark03 的主机名修改为 spark03），重启后的虚拟机 Spark02 如图 2-39 所示。

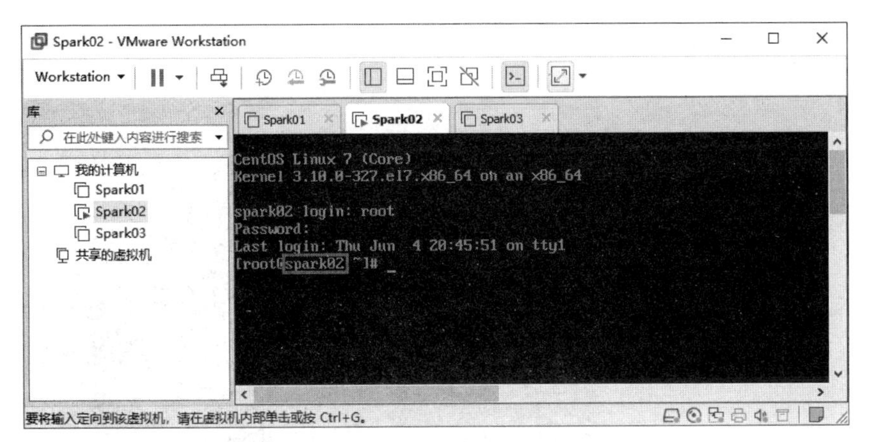

图 2-39　完成虚拟机 Spark02 主机名配置

从图 2-39 中可以看出，再次登录虚拟机 Spark02 时，其主机名被成功变更为 spark02。

2. 配置虚拟机网络

（1）这里通过编辑虚拟机 Spark02 网卡配置文件的方式配置网络。在虚拟机 Spark02 的操作窗口执行编辑网卡配置文件的命令，具体命令如下。

```
$vi /etc/sysconfig/network-scripts/ifcfg-eno16777736
```

执行上述命令，在虚拟机 Spark02 的操作窗口打开网卡配置文件 ifcfg- eno16777736，如图 2-40 所示。

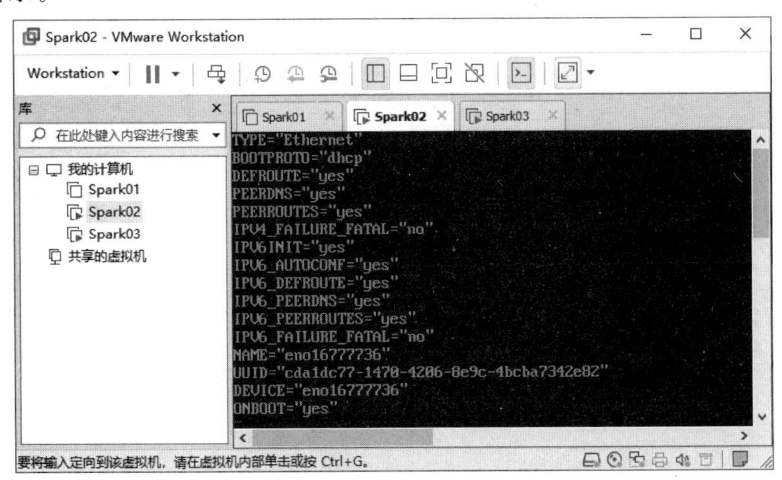

图 2-40　编辑网卡配置文件

(2) 在图 2-40 中，通过编辑网卡配置文件修改网络配置。将参数 BOOTPROTO 的值由 dhcp(动态路由协议)修改为 static(静态路由协议)，由于网卡设置为静态路由协议，需要添加 IPADDR(IP 地址，根据虚拟机 IP 取值范围而定)、GATEWAY(网关)、NETMASK(子网掩码)以及 DNS1(域名解析器)参数，具体如图 2-41 所示。

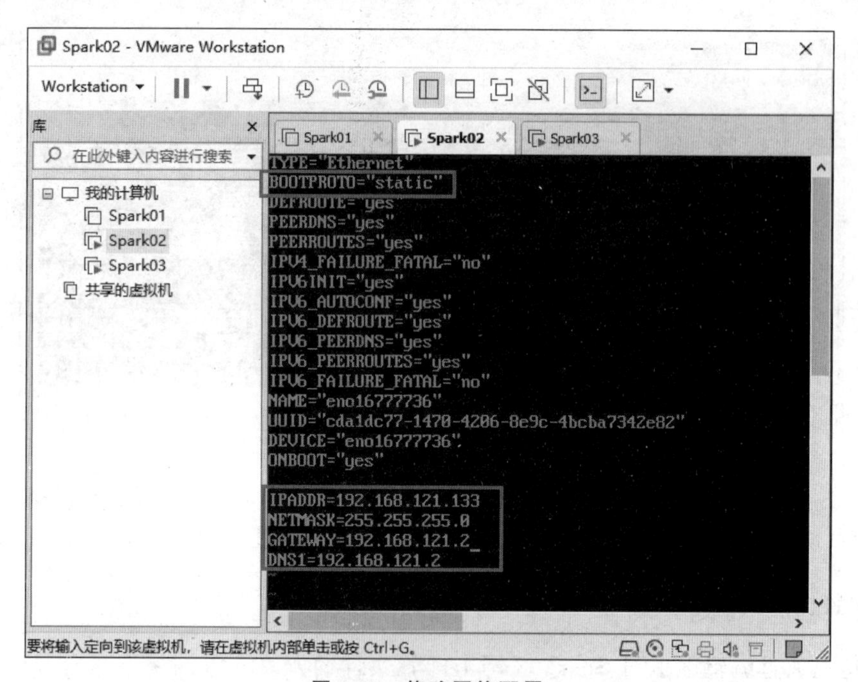

图 2-41　修改网络配置

在图 2-41 中，完成网卡配置文件修改后即可保存退出。

(3) 修改网卡配置文件中的 UUID。UUID 作用是使分布式系统中的所有元素都有唯的标识码，因为虚拟机 Spark02 和 Spark03 是通过克隆虚拟机 Spark01 的方式创建的，这会导致这 3 台虚拟机的 UUID 都一样，所以在克隆创建的虚拟机中需要重新生成 UUID 替换网卡配置文件中默认的 UUID，具体命令如下。

```
$sed -i '/UUID=/c\UUID='`uuidgen`'' /etc/sysconfig/network-scripts/ifcfg-eno16777736
```

上述命令中，通过执行 sed 命令，将 uuidgen 工具生成的新 UUID 值替换网卡配置文件中默认 UUID 参数的值。执行完上述命令，可再次执行编辑网卡配置文件命令验证 UUID 是否修改成功，这里不再赘述。需要注意的是上述命令中“'”(单引号)和“`”(反引号)符号的区别。

(4) 网卡文件配置完成后，需要执行重启虚拟机命令 reboot 或者执行重启网卡命令 service network restart，使配置内容生效。这里以重启虚拟机为例，虚拟机重新启动后执行 ip addr 命令验证网卡的配置是否生效，如图 2-42 所示。

从图 2-42 中看出，虚拟机 Spark02 的 IP 地址已经设置为 192.168.121.133。通过执行 ping www.baidu.com 指令检测网络连接是否正常(前提是安装虚拟机的 PC 可以正常上网)，如图 2-43 所示。

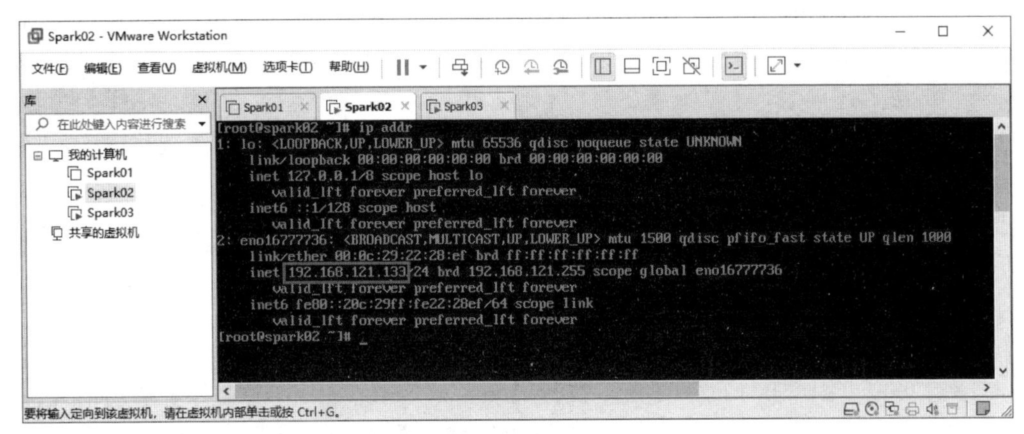

图 2-42　查看网卡配置

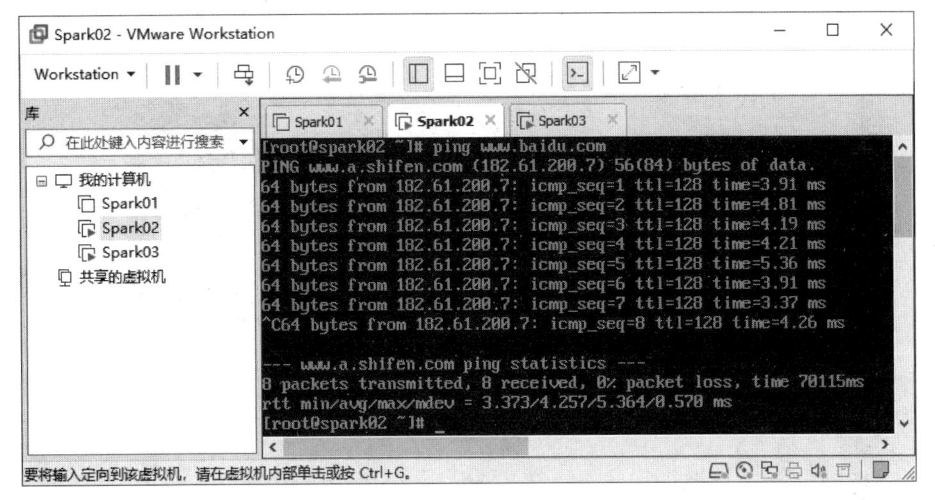

图 2-43　测试网络连接

从图 2-43 可以看出，虚拟机能够正常的接收数据，并且延迟正常，说明网络连接正常。至此，完成了虚拟机 Spark02 的网络配置。

关于虚拟机 Spark01 和 Spark03 的网络配置，请大家自行重复上述步骤，分别将虚拟机 Spark01 和 Spark03 按照表 2-1 的要求完成配置。

2.1.6　SSH 配置

通过前面的操作，完成了 3 台虚拟机 Spark01、Spark02 和 Spark03 的创建并且对虚拟机的网络和主机名进行配置，虽然此时这些虚拟机已经可以正常使用，但是依然存在下列问题。

(1) 通过 VMware Workstation 工具操作虚拟机十分不方便，无法复制内容到虚拟机中，也无法开启多个虚拟机窗口进行操作，并且在实际工作中，服务器通常被放置在机房中，同时受到地域和管理的限制，开发人员通常不会进入机房直接上机操作，而是通过远程连接服务器，进行相关操作。

(2) 在集群开发中,主节点通常会对集群中各个节点频繁地访问,需要不断输入目标服务器的密码,这种操作方式非常麻烦并且还会影响集群服务的连续运行。

为了解决上述问题,可以配置 SSH 实现远程登录和免密登录功能。SSH 为 Secure Shell 的缩写,它是一种网络安全协议,专为远程登录会话和其他网络服务提供安全性的协议。通过使用 SSH 可以把传输的数据进行加密,有效防止远程管理过程中的信息泄露问题。

接下来,我们将演示如何配置 SSH 实现远程登录和免密登录功能,具体操作步骤如下。

1. 配置 SSH 实现远程登录

(1) 在虚拟机 Spark01 的操作窗口执行 rpm -qa | grep openssh 命令查看当前虚拟机是否安装 OpenSSH(OpenSSH 是 SSH 协议的免费开源实现),如图 2-44 所示。

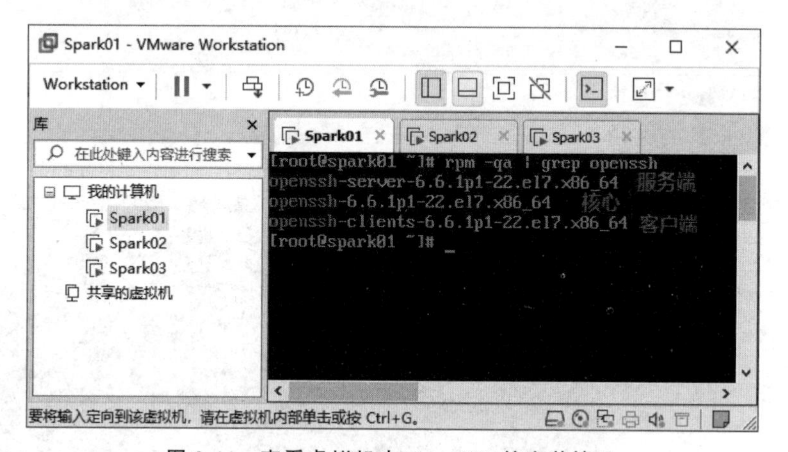

图 2-44 查看虚拟机中 OpenSSH 的安装情况

从图 2-44 可以看出,虚拟机 Spark01 的 Linux 操作系统中默认安装了 OpenSSH,无须再次安装。如果没有安装,则可以执行 yum install openssh-server 命令在线安装 OpenSSH。

(2) 在虚拟机 Spark01 的操作窗口执行 service sshd status 命令查看当前虚拟机是否开启 OpenSSH 服务,如图 2-45 所示。

从图 2-45 可以看出,虚拟机 Spark01 默认开启的 OpenSSH 服务占用的端口号为 22。如果 OpenSSH 服务处于关闭状态,则需要执行 service sshd start 命令开启 OpenSSH 服务。

(3) 通过 SecureCRT 远程连接工具在 Windows 操作系统上远程连接虚拟机 Spark01 执行操作。打开 SecureCRT 远程连接工具,单击工具栏中的 File 按钮,在弹出的菜单中选择 Quick Connect 命令,弹出 Quick Connect 窗口,在该窗口创建快速连接,配置远程连接虚拟机的 IP 地址和用户名,如图 2-46 所示。

(4) 在图 2-46 中,填写虚拟机 Spark01 的 IP 地址 192.168.121.132 和登录用户 root。单击 Connect 按钮连接虚拟机 Spark01,在弹出的 New Host Key 窗口创建主机密钥,如图 2-47 所示。

(5) 在图 2-47 中,为了便于后续操作,无须每次连接都创建主机密钥,这里单击

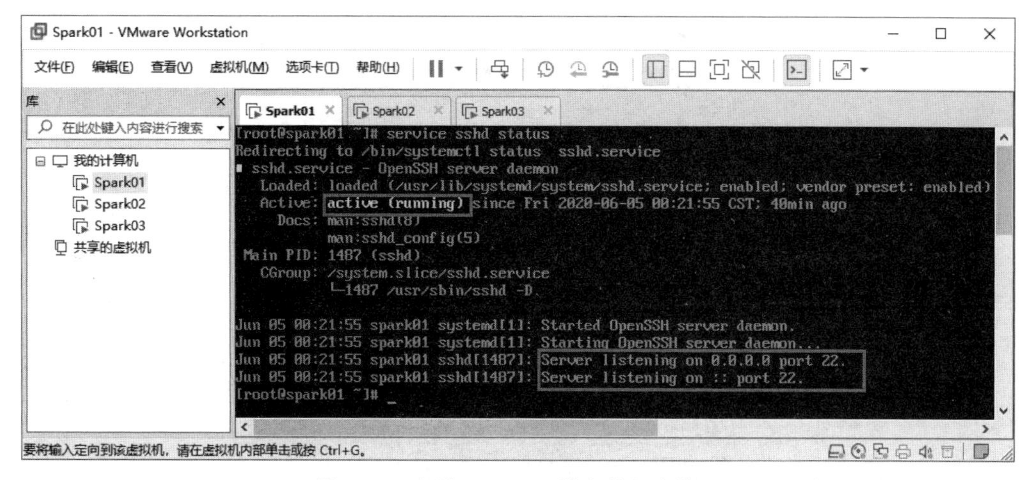

图 2-45　查看 OpenSSH 服务的开启情况

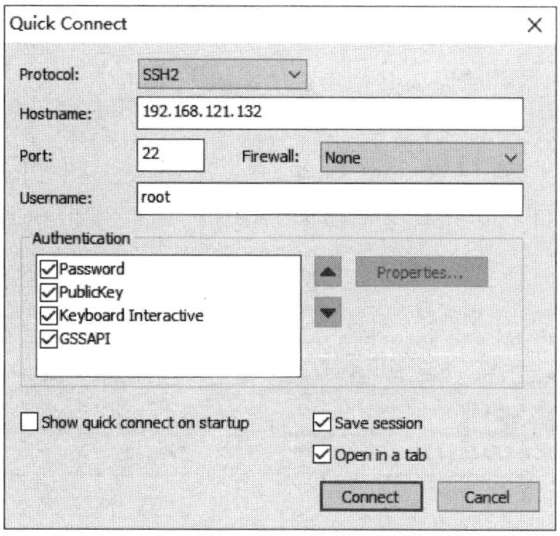

图 2-46　Quick Connect 窗口

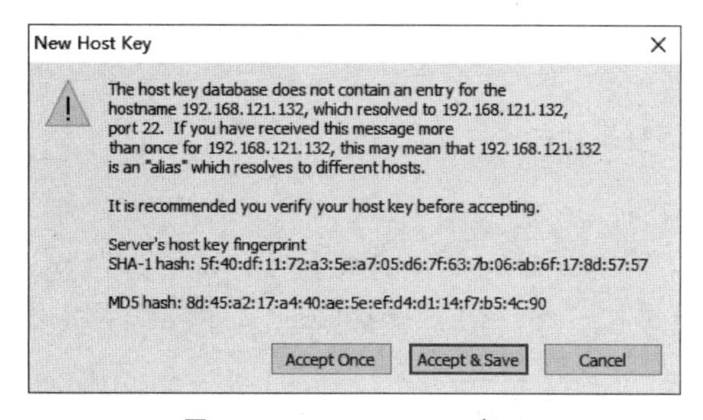

图 2-47　New Host Key 窗口

Accept&Save 按钮保存主机密钥，在弹出的 Enter Secure Shell Password 窗口输入用户
oot 对应的密码，同时勾选 Save password 选项保存密码，如图 2-48 所示。

(6) 在图 2-48 中，单击 OK 按钮连接虚拟机 Spark01，如图 2-49 所示。

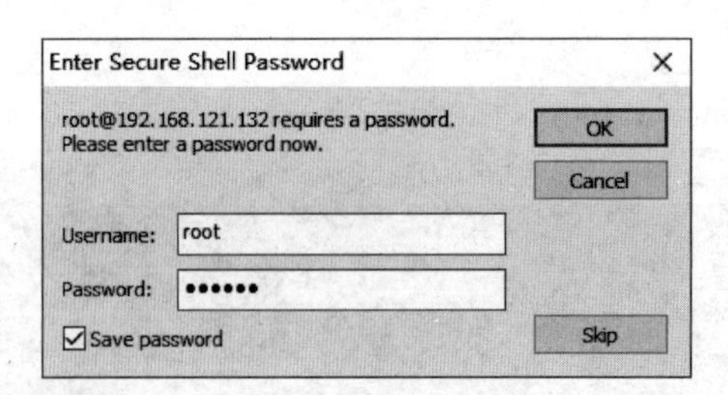

图 2-48 Enter Secure Shell Password 窗口

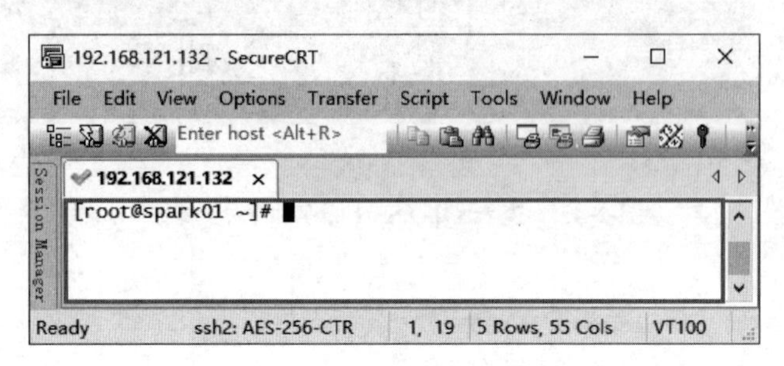

图 2-49 连接虚拟机 Spark01

(7) 在图 2-49 中的会话窗口可输入相关命令操作虚拟机 Spark01。重复上述步骤，使用 SecureCRT 分别连接虚拟机 Spark02 和 Spark03，所有虚拟机连接成功的效果如图 2-50 所示。

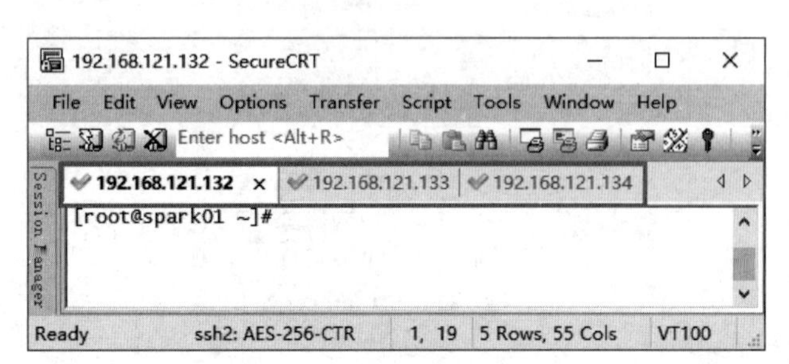

图 2-50 3 台虚拟机连接成功的效果

2. 配置 SSH 免密钥登录功能

配置 SSH 免密钥登录的步骤如下。

(1) 在需要进行集群统一管理的虚拟机上(例如作为大数据集群管理的虚拟机 Spark01)输入 ssh-keygen -t rsa 命令生成密钥(根据提示可以不用输入任何内容，连续按 4 次 Enter 键确认即可)，如图 2-51 所示。

(2) 生成密钥操作默认会在虚拟机 Spark01 的 root 目录下生成一个包含有密钥文件的.ssh 隐藏目录。通过执行 cd /root/.ssh 命令进入.ssh 隐藏目录，在该目录下执行 ll -a 命令查看当前目录下的所有文件，如图 2-52 所示。

在图 2-52 所示的.ssh 隐藏目录下，id_rsa 和 id_rsa.pub 这两个文件分别是虚拟机 Spark01 的私钥文件和公钥文件。

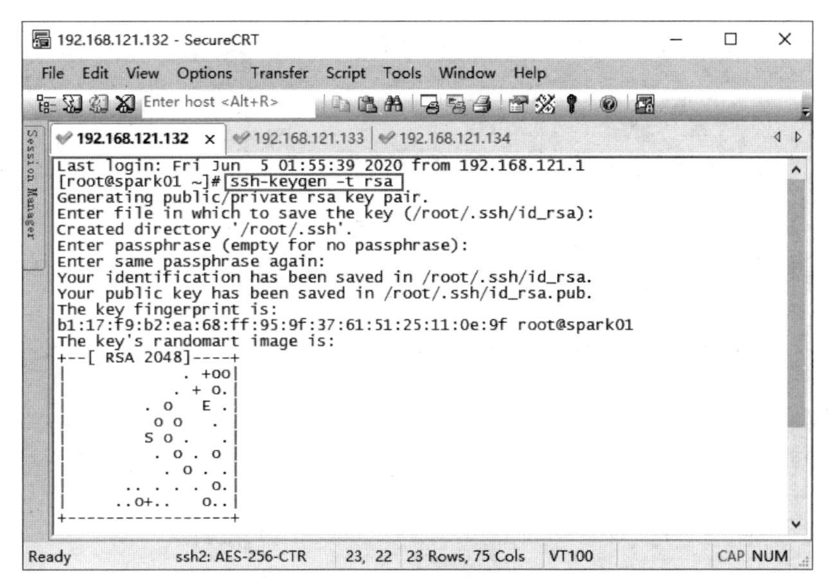

图 2-51　生成密钥

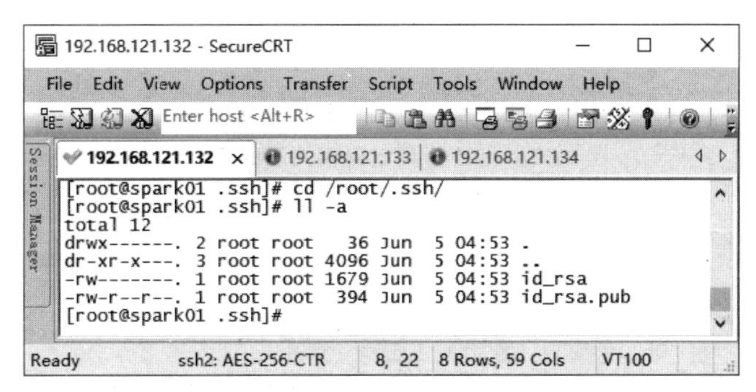

图 2-52　查看.ssh 隐藏目录的所有文件

(3) 为了便于文件配置和虚拟机通信，通常情况下会对主机名和 IP 做映射配置，在虚拟机 Spark01 执行 vi /etc/hosts 命令编辑映射文件 hosts，在映射文件中添加如下内容。

```
192.168.121.132 spark01
192.168.121.133 spark02
192.168.121.134 spark03
```

从上述内容可以看出，在虚拟机 Spark01 的映射文件中分别将主机名 spark01、spark02 和 spark03 与 IP 地址 192.168.121.132、192.168.121.133 和 192.168.121.134 进行了匹配映射。为了便于虚拟机 Spark02 和 Spark03 与在集群中通过主机名与其他虚拟机进行访问，还须重复上述操作对虚拟机 Spark02 和 Spark03 进行映射文件配置。

(4) 在虚拟机 Spark01 上执行“ssh-copy-id 主机名”命令，将公钥复制到相关联的虚拟机(包括自身)，如图 2-53 所示。

(5) 在虚拟机 Spark01 执行 ssh spark02 命令连接虚拟机 Spark02，进行验证免密钥登录操作，此时无须输入密码便可直接登录虚拟机 Spark02 进行操作，如需返回虚拟机

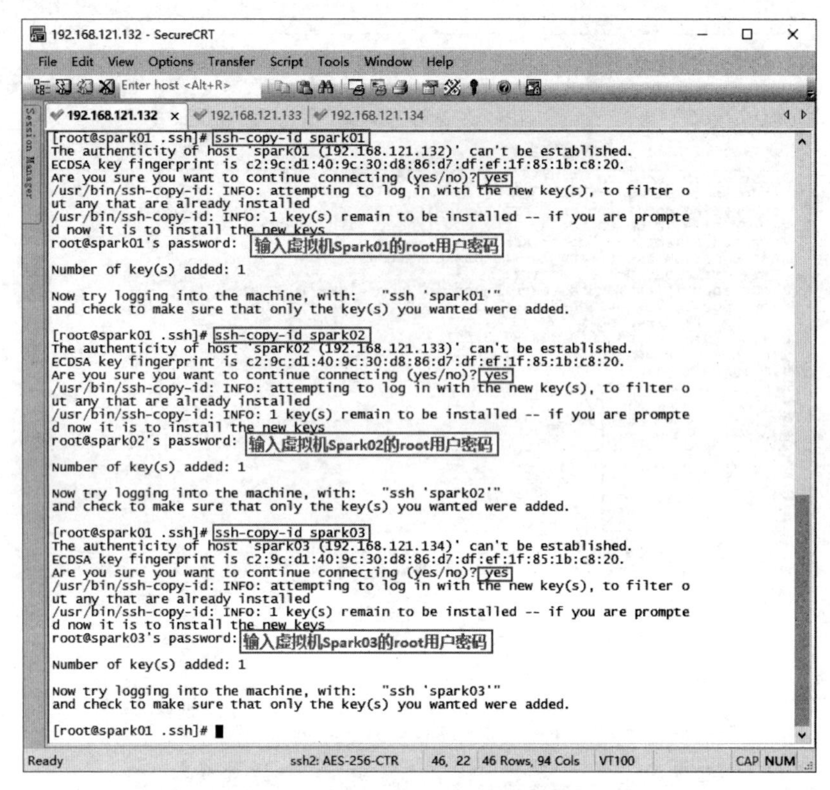

图 2-53　将公钥复制到相关联的虚拟机

Spark01，执行 exit 命令即可，如图 2-54 所示。

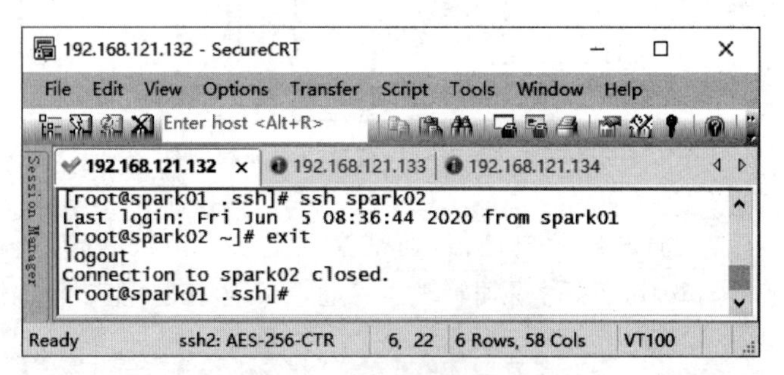

图 2-54　验证免密钥登录

需要说明的是，上述步骤只是演示了在主机名为 spark01 的虚拟机上生成密钥文件，并将公钥复制到主机名为 spark02 和 spark03 的虚拟机，实现了单向免密登录（只有 spark01 可以免密钥登录 spark02、spark03 和自身）。若要实现双向免密钥登录，则需要在主机名为 spark02 和 spark03 的虚拟机上执行创建密钥和复制密钥的操作，这里不再重复操作，读者可自行操作。

脚下留心：查看默认网段和 SecureCRT 乱码

1. 查看 VMware Workstation 提供的默认网段

在配置虚拟机网卡前，需要查看 VMware Workstation 为创建虚拟机时提供的默认网段,可在VMware Workstation的主界面依次选择“编辑”→“虚拟网络编辑器…”命令,打开“虚拟网络编辑器”界面进行查看,具体界面如图2-55所示。

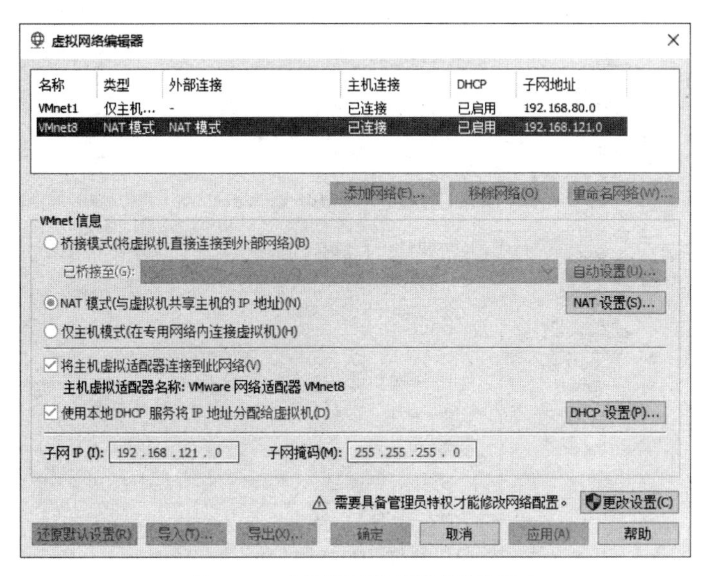

图2-55 “虚拟网络编辑器”界面

从图2-55可以看出,网卡名称为VMnet8、类型为NAT模式的子网地址为192.168.121.0,因此在后续配置固定IP时,IP地址的格式应为192.168.121.(0~255)。

2. 解决SecureCRT出现的乱码

在SecureCRT的使用过程中,窗口输出的内容可能会出现中文乱码的问题。通过选择Options→Session Options…命令,弹出Session Options窗口,在该窗口选中Appearance,效果如图2-56所示。

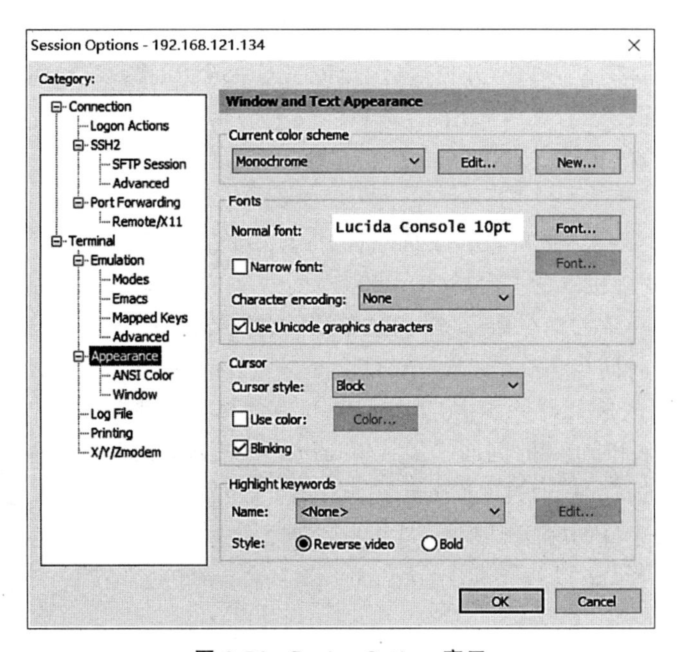

图2-56 Session Options窗口

在图 2-56 中，将 Character encoding 的值修改为 UTF-8，具体如图 2-57 所示。

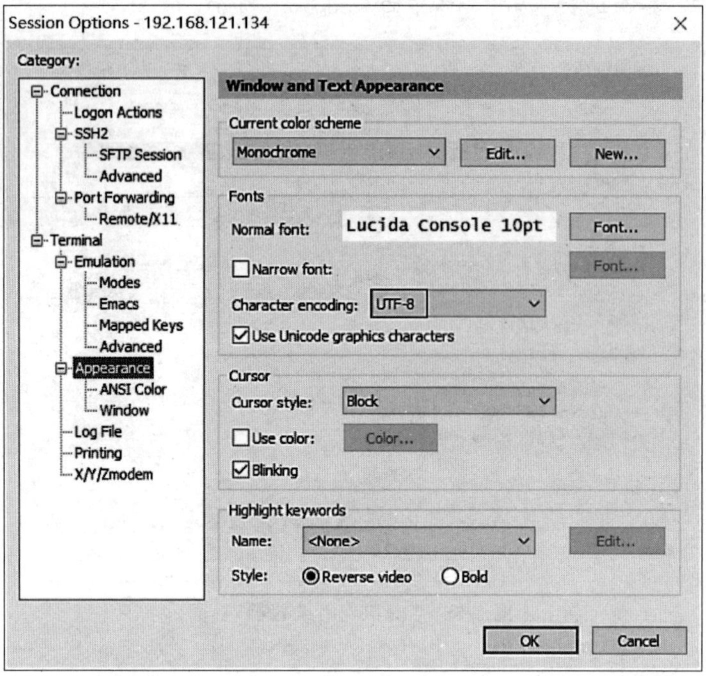

图 2-57 将 Character encoding 处的值修改为 UTF-8

2.1.7 配置时间同步

Linux 操作系统中的时间分为系统时间和硬件时间，其中系统时间是指 Linux 内核中的时间；硬件时间是指主板上的硬件时钟所计算的时间。在 Linux 操作系统启动时，内核会从主板的硬件资源读取时间(硬件时间)并设置为内核中的时间(系统时间)。

系统时间和硬件时间各自分开独立运行，每间隔一段时间，系统时间便会与硬件时间进行同步，当操作系统在运行过程中出现 CPU 繁忙、系统运行时间较长等问题，可能会导致系统时间不精确的现象，这种现象出现在集群中的多台主机上便形成了集群时间不一致的情况。

由于本书使用多台虚拟机搭建集群环境，而虚拟机的 CPU 是通过虚拟机软件虚拟出来的，并不是真正物理机上的 CPU，因此出现时间误差的概率相对会更大。为了避免各虚拟机的时间出现不一致的情况而引发集群故障，我们需要配置一个时间服务器。

本书使用的时间同步工具是 Chrony，Chrony 是网络时间协议(NTP)的通用实现，它能保持系统时间与时间服务器同步，为集群中的其他计算机提供时间服务，确保集群时间一致。相较于 ntpdate 和 ntpd 时间同步工具，Chrony 可以更快且更准确地同步系统时钟。

接下来，详细讲解如何通过时间同步工具 Chrony 配置时间服务器，这里以集群中的虚拟机 Spark01 作为集群的时间服务器，具体步骤如下。

(1) 分别在 3 台虚拟机 Spark01、Spark02 和 Spark03 中在线安装时间同步工具 Chrony，安装命令如下。

```
$yum install chrony -y
```

（2）分别在 3 台虚拟机 Spark01、Spark02 和 Spark03 中启动时间同步工具 Chrony 服务，这里以虚拟机 Spark02 为例，启动 Chrony 服务的命令如下。

```
$systemctl start chronyd
```

若上述启动 Chrony 服务的命令报错，导致 Chrony 服务无法启动，可以执行 journalctl -xe 命令查看错误详情，如图 2-58 所示。

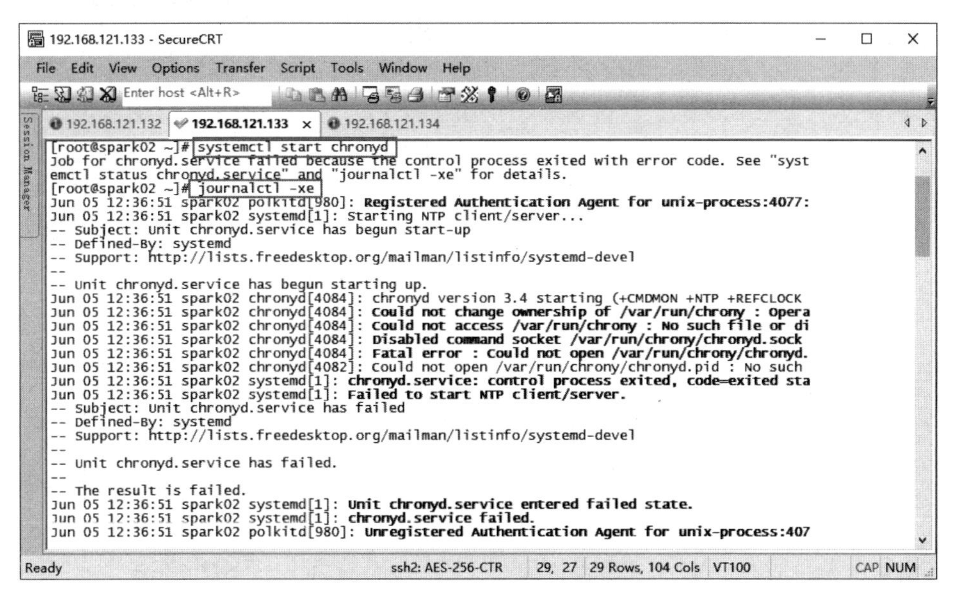

图 2-58　Chrony 服务启动报错

出现上述问题的主要原因是通过 yum install chrony -y 命令自动安装了新版的 Chrony 服务（Centos 7.8 版本），由于本书使用的 Centos 7.2 版本（可以使用 cat /etc/redhat-release 命令查看）存在不兼容高版本 Chrony 服务的问题，所以导致服务启动失败。

为了解决上述问题，我们可以执行 yum -y update 命令升级系统版本，升级操作完成后执行 reboot 命令重启系统，再次执行启动时间同步工具 Chrony 服务的命令。

（3）分别在 3 台虚拟机 Spark01、Spark02 和 Spark03 中查看 Chrony 服务启动状态并设置 Chrony 服务开机启动，这里以虚拟机 Spark01 为例，具体命令如下。

```
#查看 Chrony 服务启动状态
$systemctl status chronyd
#设置 Chrony 服务开机启动
$systemctl enable chronyd
```

执行上述命令，查看 Chrony 服务的启动状态，若出现 active (running) 内容，证明 Chrony 服务启动成功，如图 2-59 所示。

```
192.168.121.132 - SecureCRT
File Edit View Options Transfer Script Tools Window Help
[root@spark01 ~]# systemctl status chronyd
● chronyd.service - NTP client/server
   Loaded: loaded (/usr/lib/systemd/system/chronyd.service; enabled; vendor preset: enabled)
   Active: active (running) since Fri 2020-06-05 19:35:06 CST; 2 days ago
     Docs: man:chronyd(8)
           man:chrony.conf(5)
  Process: 701 ExecStartPost=/usr/libexec/chrony-helper update-daemon (code=exited, status=0/SUCCESS)
  Process: 681 ExecStart=/usr/sbin/chronyd $OPTIONS (code=exited, status=0/SUCCESS)
 Main PID: 694 (chronyd)
   CGroup: /system.slice/chronyd.service
           └─694 /usr/sbin/chronyd

Jun 05 19:35:06 spark01 systemd[1]: Starting NTP client/server...
Jun 05 19:35:06 spark01 chronyd[694]: chronyd version 3.4 starting (+CMDMON +NTP +REFCLOCK +RTC +...BUG)
Jun 05 19:35:06 spark01 chronyd[694]: Frequency -81.527 +/- 35.861 ppm read from /var/lib/chrony/drift
Jun 05 19:35:06 spark01 systemd[1]: Started NTP client/server.
Jun 05 19:35:15 spark01 chronyd[694]: Selected source 94.130.49.186
Jun 05 19:35:15 spark01 chronyd[694]: System clock wrong by 228168.192524 seconds, adjustment started
Jun 08 10:58:03 spark01 chronyd[694]: System clock was stepped by 228168.192524 seconds
Jun 08 10:58:05 spark01 chronyd[694]: Source 84.16.73.33 replaced with 139.199.214.202
Jun 08 10:58:05 spark01 chronyd[694]: Selected source 203.107.6.88
Hint: Some lines were ellipsized, use -l to show in full.
[root@spark01 ~]# systemctl enable chronyd
[root@spark01 ~]#
Ready    ssh2: AES-256-CTR    24, 19  24 Rows, 104 Cols  VT100    CAP NUM
```

图 2-59 证明 Chrony 服务是否成功启动

（4）默认情况下 Centos 会开启防火墙(Firewalld)，这会导致集群中各虚拟机通过 NTP 服务进行时间同步的操作被禁止，为了解决此类问题，需要关闭防火墙服务。这里以虚拟机 Spark01 为例，具体命令如下。

```
#查看防火墙服务启动状态
$systemctl status firewalld
#关闭防火墙服务
$systemctl stop firewalld
#禁止防火墙开机启动
$systemctl disable firewalld
```

执行完上述命令，若防火墙的活动状态由 active 变为 inactive，则说明防火墙服务关闭了，如图 2-60 所示。

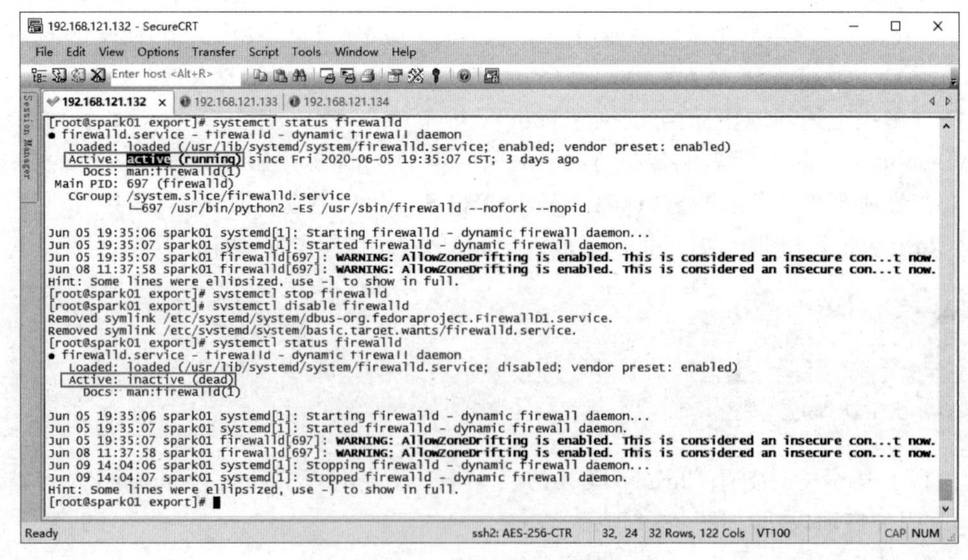

图 2-60 关闭防火墙服务

从图 2-60 可以看出，已成功关闭虚拟机 Spark01 的防火墙服务。重复上述操作关闭虚拟机 Spark02 和 Spark03 的防火墙服务。

(5) Chrony 安装完成后，默认会在 etc 目录下创建配置文件 chrony.conf，执行 cat /etc/chrony.conf 查看 Chrony 配置文件的默认内容，如图 2-61 所示。

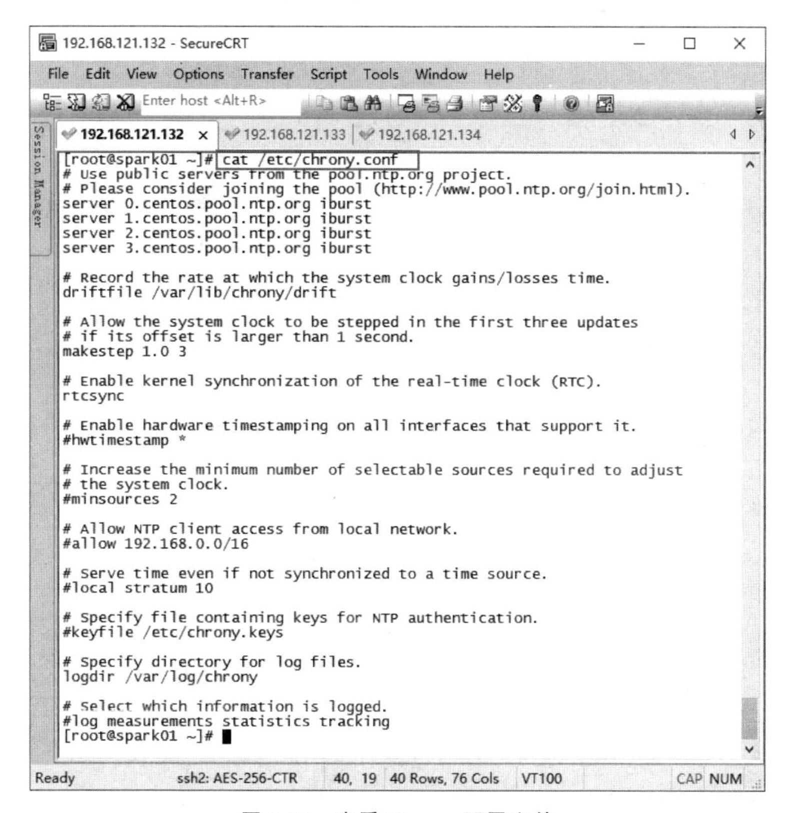

图 2-61　查看 Chrony 配置文件

(6) 本项目以集群中的虚拟机 Spark01 作为集群的时间服务器，其他虚拟机作为客户端与时间服务器同步时间，在虚拟机 Spark01 中执行 vi /etc/chrony.conf 命令编辑配置文件 chrony.conf 配置时间服务器，文件 chrony.conf 配置完成后如图 2-62 所示。

在图 2-62 所示的文件 chrony.conf 中，主要做了如下 3 件事。

① 取消了网络服务器作为时间同步源的配置，添加虚拟机 Spark01 作为时间服务器。

② 设置允许与时间服务器同步时间的客户端网段。

③ 设置时间服务器允许使用本地时间作为标准时间进行同步。

在虚拟机 Spark01 中完成时间服务器的配置后，接下来，还需要在虚拟机 Spark02 和 Spark03 修改配置文件 chrony.conf，将这两台虚拟机作为客户端同步时间服务器的时间，只需要注释配置文件中默认的网络时间服务器并添加虚拟机 Spark01 作为时间服务器即可，可参考时间服务器中取消网络服务器作为时间同步源和添加虚拟机 Spark01 作为时间服务器的配置内容，这里不再赘述。

(7) 在 3 台虚拟机 Spark01、Spark02 和 Spark03 中分别重启 Chrony 服务使配置内容生效，具体命令如下。

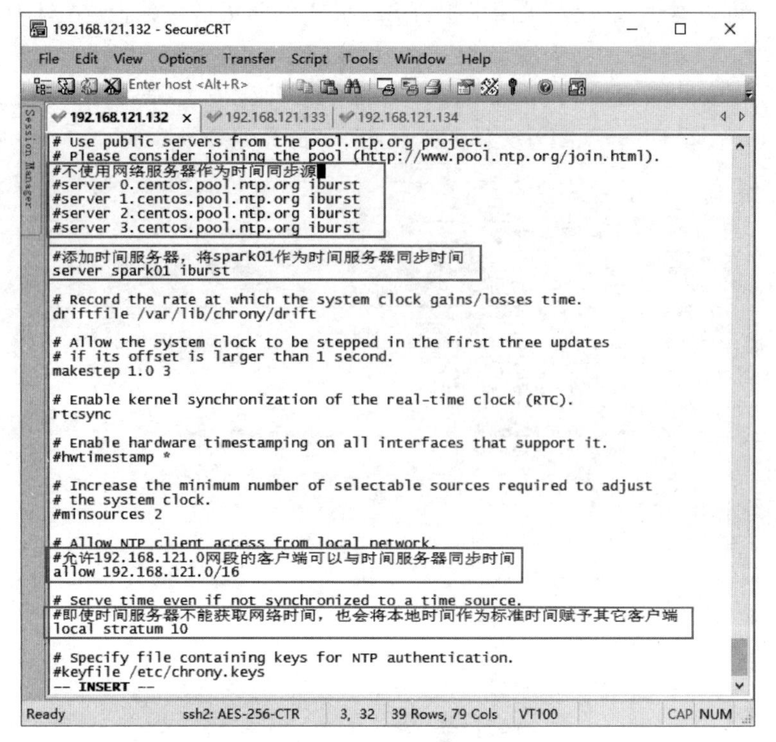

图 2-62 文件 chrony.conf 配置完成

```
$systemctl restart chronyd
```

执行上述命令重启 Chrony 服务，如果想查看时间同步源状态，执行 chronyc sources -v 命令即可。这里以虚拟机 Spark03 为例，如图 2-63 所示。

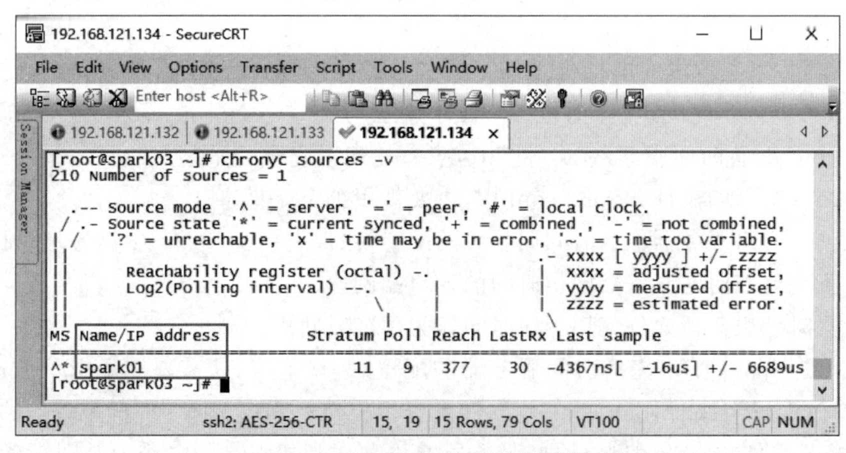

图 2-63 查看时间同步源服务器

从图 2-63 可以看出，虚拟机 Spark03 的时间同步源服务器的主机名为 spark01，即虚拟机 Spark01。说明已成功为集群配置时间同步，并指定虚拟机 Spark01 作为时间服务器。

2.2 安装 JDK

由于 ZooKeeper、Hadoop 和 Spark 等大数据应用的运行需要 Java 环境的支持，所以在搭建大数据集群环境前需要在 3 台虚拟机中提前安装好 JDK，这里以虚拟机 Spark01 为例，安装 JDK 的具体步骤如下。

1. 下载 JDK

访问 Oracle 官网下载 Linux x64 操作系统的 JDK 安装包 jdk-8u161-linux-x64.tar.gz。

2. 上传 JDK 安装包

首先通过 SecureCRT 远程连接工具连接虚拟机 Spark01，然后进入 Linux 操作系统中存放应用安装包的目录/export/software/（该目录需提前创建），最后执行 rz 命令将 JDK 安装包上传到虚拟机 Spark01 的/export/software/目录下。若无法执行 rz 命令，可执行 yum install lrzsz - y 命令安装文件传输工具 lrzsz。

3. 安装 JDK

通过解压缩的方式安装 JDK，将 JDK 安装到存放应用的目录/export/servers/（该目录需提前创建），具体命令如下。

```
$tar -zxvf /export/software/jdk-8u161-linux-x64.tar.gz -C /export/servers/
```

4. 配置 JDK 环境变量

执行 vi /etc/profile 命令编辑系统环境变量文件 profile，在文件末尾添加如下内容。

```
export JAVA_HOME=/export/servers/jdk1.8.0_161
export PATH=$PATH:$JAVA_HOME/bin
export CLASSPATH=.:$JAVA_HOME/lib/dt.jar:$JAVA_HOME/lib/tools.jar
```

上述内容添加完毕后，保存系统环境变量文件 profile 并退出。不过此时配置内容尚未生效，还需要执行 source /etc/profile 命令初始化系统环境变量使配置内容生效。

5. JDK 环境验证

执行 java -version 命令查看当前系统环境的 JDK 版本，验证虚拟机 Spark01 中的 JDK 环境，如图 2-64 所示。

从图 2-64 可以看出，执行查看 JDK 版本的命令后，输出了“java version "1.8.0_161"…”内容，说明虚拟机 Spark01 成功安装了 JDK。关于虚拟机 Spark02 和 Spark03 的 JDK 安装，读者可以重复上述操作自行完成安装。

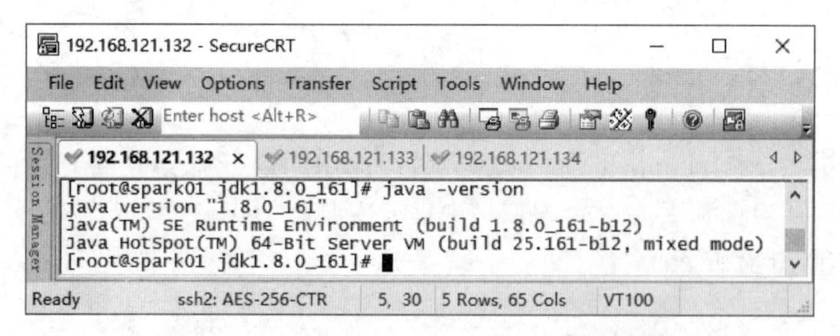

图 2-64 验证虚拟机 Spark01 中的 JDK 环境

2.3 ZooKeeper 集群部署

一个 ZooKeeper 集群可以存在多个 Follower 和 Observer 服务器，而 Leader 服务器只允许存在一台。如果 Leader 服务器发生故障宕机了，那么集群中剩下的服务器会通过投票选举出一个新的 Leader 服务器。在选举过程中，为防止出现投票数不过半无法选举出新的 Leader 服务器，而造成集群不可用的现象(称为脑裂)。我们通常将 ZooKeeper 集群中服务器的数量规划为 2n+1 台，即奇数个。本节针对 ZooKeeper 集群的部署进行详细讲解。

2.3.1 ZooKeeper 集群的安装与配置

ZooKeeper 是一个分布式应用程序协调服务，本项目使用 ZooKeeper 的版本为 3.4.10，有关 ZooKeeper 的安装与配置具体操作步骤如下(这里以虚拟机 Spark01 为例)。

1. 安装 ZooKeeper

(1) 访问 Apache 资源网站下载 Linux 操作系统的 ZooKeeper 安装包 zookeeper-3.4.10.tar.gz。

(2) 使用 SecureCRT 远程连接工具连接虚拟机 Spark01，在存放应用安装包的目录/export/software/下执行 rz 命令上传 ZooKeeper 安装包。

(3) 通过解压缩的方式安装 ZooKeeper，将 ZooKeeper 安装到存放应用的目录/export/servers/，具体命令如下。

```
$tar -zxvf /export/software/zookeeper-3.4.10.tar.gz -C /export/servers/
```

2. 配置 ZooKeeper

(1) 进入 ZooKeeper 安装目录下的 conf 目录，复制 ZooKeeper 的配置模板文件 zoo_sample.cfg 并命名为 zoo.cfg，具体命令如下。

```
$cp zoo_sample.cfg zoo.cfg
```

(2) 执行 vi zoo.cfg 命令编辑 ZooKeeper 配置文件，修改参数 dataDir 配置存储快照文件的目录，添加参数 server.x 指定 ZooKeeper 集群中包含的服务器，配置文件修改完成后内容如下。

```
#The number of milliseconds of each tick
#设置通信心跳数
tickTime=2000
#The number of ticks that the initial
#synchronization phase can take
#设置初始通信时限
initLimit=10
#The number of ticks that can pass between
#sending a request and getting an acknowledgement
#设置同步通信时限
syncLimit=5
#the directory where the snapshot is stored.
#do not use /tmp for storage, /tmp here is just
#example sakes
#配置存储快照文件的目录,默认情况下事务日志也会存储在这个目录
#后续的 myid 文件也存放在该目录下
dataDir=/export/data/zookeeper/zkdata
#the port at which the clients will connect
#设置客户端连接的端口号
clientPort=2181
#the maximum number of client connections.
#increase this if you need to handle more clients
#maxClientCnxns=60
#Be sure to read the maintenance section of the
#administrator guide before turning on autopurge.
#http://zookeeper.apache.org/doc/current/zookeeperAdmin.html#sc_maintenance
#The number of snapshots to retain in dataDir
#autopurge.snapRetainCount=3
#Purge task interval in hours
#Set to "0" to disable auto purge feature
#autopurge.purgeInterval=1
#配置 ZooKeeper 集群的服务器
server.1=spark01:2888:3888
server.2=spark02:2888:3888
server.3=spark03:2888:3888
```

上述配置内容中加粗部分为修改内容,将存储快照文件的目录指定为/export/data/zookeeper/zkdata,添加 ZooKeeper 集群的 3 台服务器 server.1、server.2 和 server.3,配置文件修改完成后保存退出。

这里对配置文件中添加服务器 server.1 的参数进行讲解。server.1 表示服务器的编号为 1,该编号要与 myid 文件内容保持一致;spark01 表示服务器主机名(也可以使用 IP 地址);2888 表示 Follower 与 Leader 进行通信和数据同步所使用的端口;3888 表示 Leader 选举过程中的投票通信端口。

(3) 创建配置文件中设置的 dataDir 目录,具体命令如下。

```
$mkdir -p /export/data/zookeeper/zkdata
```

(4) 进入 zkdata 文件夹,创建 myid 文件并写入配置文件中设置的服务器编号,因为此时操作的虚拟机是 Spark01(主机名为 spark01),所以需要在 myid 文件中写入的值为 1,具体命令如下。

```
$cd /export/data/zookeeper/zkdata
$echo 1 > myid
```

(5) 执行 vi /etc/profile 命令编辑系统环境变量文件 profile,配置 ZooKeeper 环境变量,在文件末尾添加如下内容。

```
export ZK_HOME=/export/servers/zookeeper-3.4.10
export PATH=$PATH:$ZK_HOME/bin
```

完成系统环境变量文件 profile 配置后保存退出,并执行 source /etc/profile 命令初始化系统环境变量使配置内容生效。

(6) 为了便于快速配置集群中其他服务器,这里将虚拟机 Spark01 中的 ZooKeeper 安装目录和系统环境变量文件分发到虚拟机 Spark02 和 Spark03,具体命令如下。

```
#将 ZooKeeper 安装目录分发到虚拟机 Spark02 和 Spark03
$scp -r /export/servers/zookeeper-3.4.10/ root@spark02:/export/servers/
$scp -r /export/servers/zookeeper-3.4.10/ root@spark03:/export/servers/
#将系统环境变量文件分发到虚拟机 Spark02 和 Spark03
$scp /etc/profile root@spark02:/etc/
$scp /etc/profile root@spark03:/etc/
```

完成分发操作,分别在虚拟机 Spark02 和 Spark03 中执行 source /etc/profile 命令初始化系统环境变量。

(7) 在虚拟机 Spark02 和 Spark03 中分别创建并进入目录/export/data/zookeeper/zkdata,在该目录下创建 myid 文件并写入配置文件中设置的服务器编号。在虚拟机 Spark02 的 myid 文件中写入值 2,在虚拟机 Spark03 的 myid 文件中写入值 3,具体命令如下。

```
#在虚拟机 Spark02 的/export/data/zookeeper/zkdata 目录创建 myid 文件并写入值 2
$echo 2 > myid
#在虚拟机 Spark03 的/export/data/zookeeper/zkdata 目录创建 myid 文件并写入值 3
$echo 3 > myid
```

至此,我们完成了 ZooKeeper 集群的安装与配置。

2.3.2 ZooKeeper 集群的启动与关闭

通过 2.3.1 节的操作,我们完成了 ZooKeeper 集群的安装与配置,接下来,分步骤讲解 ZooKeeper 集群的启动与关闭。

1. 启动 ZooKeeper 集群

分别在虚拟机 Spark01、Spark02 和 Spark03 中执行 zkServer.sh start 命令启动

ZooKeeper 服务，如图 2-65～图 2-67 所示。

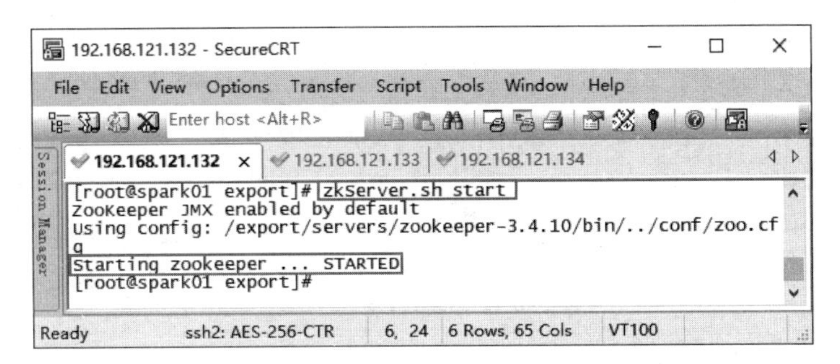

图 2-65　在虚拟机 Spark01 中启动 ZooKeeper 服务

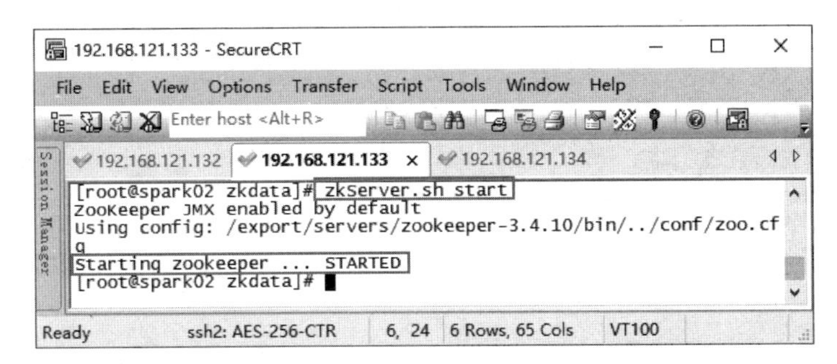

图 2-66　在虚拟机 Spark02 中启动 ZooKeeper 服务

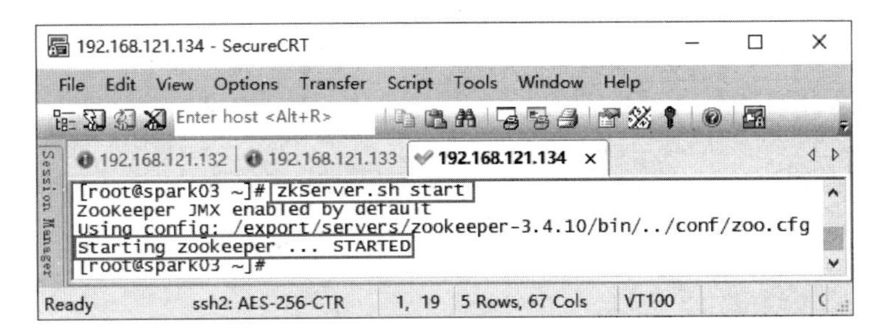

图 2-67　在虚拟机 Spark03 中启动 ZooKeeper 服务

2. 查看 ZooKeeper 服务状态

分别在虚拟机 Spark01、Spark02 和 Spark03 中执行 zkServer. sh status 命令查看 ZooKeeper 服务状态，如图 2-68～图 2-70 所示。

从图 2-68～图 2-70 可以看出，3 台虚拟机的 ZooKeeper 服务成功启动，此时 ZooKeeper 集群选举虚拟机 Spark02 作为 Leader，其他两台虚拟机为 Follower。

3. 关闭 ZooKeeper 集群

ZooKeeper 集群的关闭比较简单，只需要在虚拟机 Spark01、Spark02 和 Spark03 中分别执行 zkServer.sh stop 命令即可关闭 ZooKeeper。

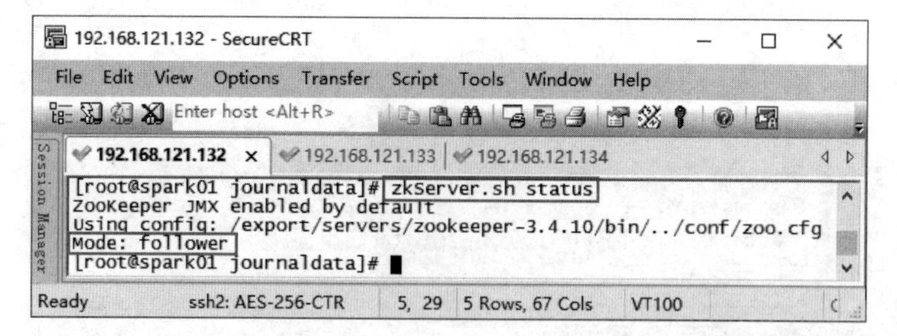

图 2-68　查看虚拟机 Spark01 的 ZooKeeper 服务状态

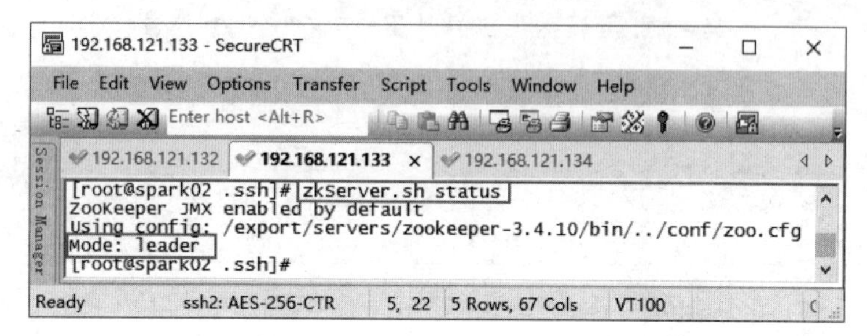

图 2-69　查看虚拟机 Spark02 的 ZooKeeper 服务状态

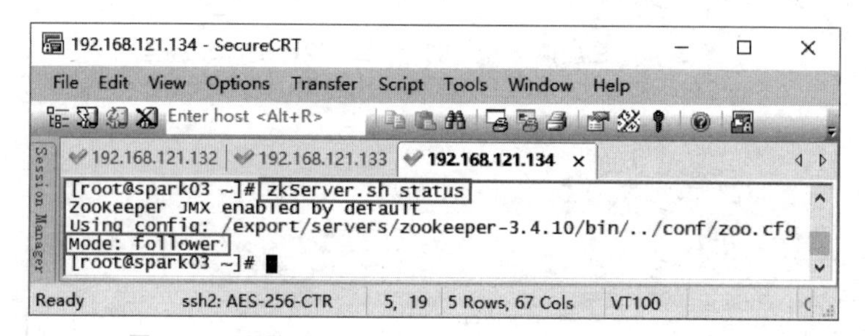

图 2-70　查看虚拟机 Spark03 的 ZooKeeper 服务状态

2.4　Hadoop 集群部署

Hadoop 集群的部署方式分为 3 种，分别是独立模式(standalone mode)、伪分布式模式(pseudo-distributed mode)和完全分布式模式(cluster mode)，在实际工作应用开发中，通常使用完全分布式模式构建 Hadoop 集群，前两种模式用于学习和调试，只需了解即可。为了提高 Hadoop 集群的高可用性，通常使用 ZooKeeper 为 Hadoop 集群提供自动故障转移和数据一致性服务，本节详细讲解基于 ZooKeeper 和完全分布式模式部署 Hadoop 高可用集群。

2.4.1　Hadoop 高可用集群规划

为了提高 Hadoop 集群的高可用性，集群中至少需要两个 NameNode 节点(一个主节点和一个备用节点)及两个 ResourceManager 节点（一个主节点和一个备用节点)，以满足

HDFS和YARN的高可用性，同时为了满足“过半写入则成功”的原则，集群中至少需要3个JournalNode节点，这里使用3台虚拟机Spark01、Spark02和Spark03部署Hadoop高可用集群，具体规划如表2-2所示。

表2-2 Hadoop高可用集群规划

虚拟机	主机名	NameNode	DataNode	ResourceManager	NodeManager	JournalNode	ZooKeeper	ZKFC
Spark01	spark01	√(主)	√	√(主)	√	√	√	√
Spark02	spark02	√(备)	√	√(备)	√	√	√	√
Spark03	spark03		√		√	√	√	

下面对表2-2中3台虚拟机需要启动的相关服务做具体介绍。

(1) ZKFC(ZKFailoverController)：它是ZooKeeper的一个客户端，用于监视和管理NameNode的状态。运行NameNode的每台机器都需要运行ZKFC，它们之间是一对一的关系。

(2) ZooKeeper：表示ZooKeeper服务。

(3) JournalNode：主要负责两个NameNode之间的通信，JournalNode通常在DataNode节点启动，至少为3个节点且必须为奇数个，系统可以容忍至少(N－1)/2(N至少为3)个节点失败而不影响正常运行，即过半写入则成功。

(4) NodeManager：它是执行应用程序的容器，监控应用程序的资源使用情况并且向调度器ResourceManager汇报。

(5) ResourceManager：负责集群中所有资源的统一管理和分配，它接收来自NodeManager的资源汇报信息，并把这些信息按照一定的策略分配给各个应用程序。

(6) DataNode：存储真实的数据文件，周期性地向NameNode汇报心跳和数据块信息。

(7) NameNode：存储元数据信息以及数据文件与数据块的对应信息。

2.4.2 安装Hadoop

Hadoop是一个由Apache基金会开发的分布式存储和计算框架，本项目使用的Hadoop版本为2.7.4，读者可访问Apache资源网站下载使用。接下来，我们以规划的集群主节点虚拟机Spark01为例详细讲解如何安装Hadoop。

(1) 使用SecureCRT远程连接工具连接虚拟机Spark01，在存放应用安装包的目录/export/software/下执行rz命令上传Hadoop安装包hadoop-2.7.4.tar.gz。

(2) 通过解压缩的方式安装Hadoop，将Hadoop安装到存放应用的目录/export/servers/，具体命令如下。

```
$tar -zxvf /export/software/hadoop-2.7.4.tar.gz -C /export/servers/
```

至此，便完成虚拟机Spark01中Hadoop的安装。由于Hadoop配置内容较多，为了省去重复在集群中每台虚拟机中配置Hadoop，这里可以先不用在虚拟机Spark02和Spark03安装Hadoop，待虚拟机Spark01的Hadoop配置完成后，通过分发的方式在其他两台虚拟机中安装 Hadoop。

2.4.3 Hadoop 高可用集群配置

Hadoop 默认提供了两种配置文件：一种是只读的默认配置文件，包括 core-default.xml、hdfs-default.xml、mapred-default.xml 和 yarn-default.xml，这些文件包含了 Hadoop 系统各种默认配置参数，位于 jar 文件中；另一种是自定义配置时用到的配置文件，这些文件基本没有任何配置内容，存在于 Hadoop 安装目录下的 etc/hadoop/目录中，包括 core-site.xml、hdfs-site.xml、mapred-site.xml 和 yarn-site.xml 等，开发人员可以根据需求对默认配置文件中的参数进行修改，Hadoop 会优先选择自定义配置文件中的参数。

接下来，我们将详细讲解如何通过修改自定义配置文件的方式配置 Hadoop 高可用集群，这里以规划的集群主节点虚拟机 Spark01 为例，具体步骤如下。

1. 修改 hadoop-env.sh 文件

使用 SecureCRT 远程连接工具连接虚拟机 Spark01，在 Hadoop 安装包的/etc/hadoop/目录下执行 vi hadoop-env.sh 命令，编辑 hadoop-env.sh 文件指定 Hadoop 运行时使用的 JDK，将文件内默认的 JAVA_HOME 参数修改为本地安装 JDK 的路径，修改完成后的 hadoop-env.sh 文件效果如图 2-71 所示。

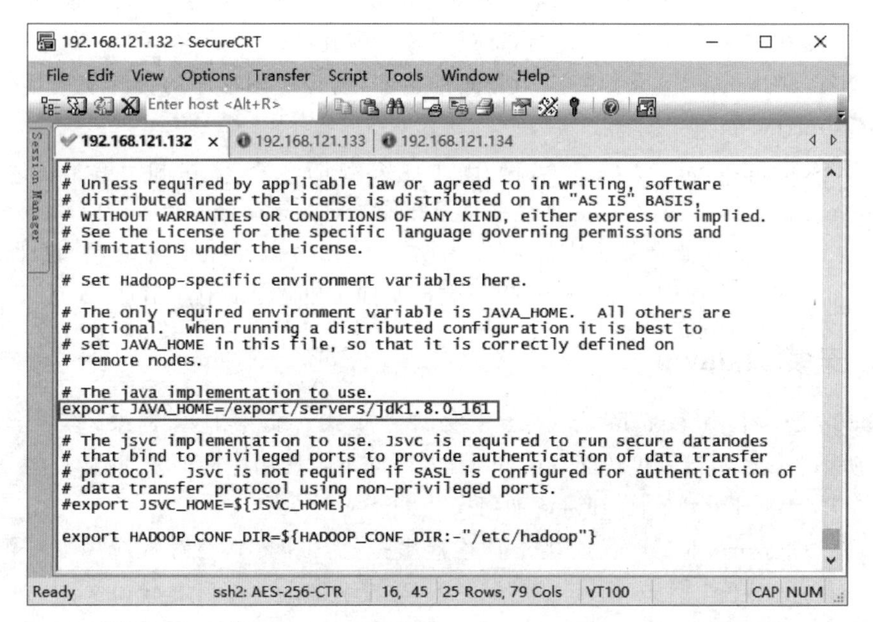

图 2-71 修改 hadoop-env.sh 文件

2. 修改 yarn-env.sh 文件

在 Hadoop 安装包目录下的/etc/hadoop/目录，执行 vi yarn-env.sh 命令编辑 yarn-env.sh 文件，用于指定 YARN 运行时使用的 JDK，将文件内默认的 JAVA_HOME 参数修改为本地安装 JDK 的路径，完成修改后的 yarn-env.sh 文件效果如图 2-72 所示。

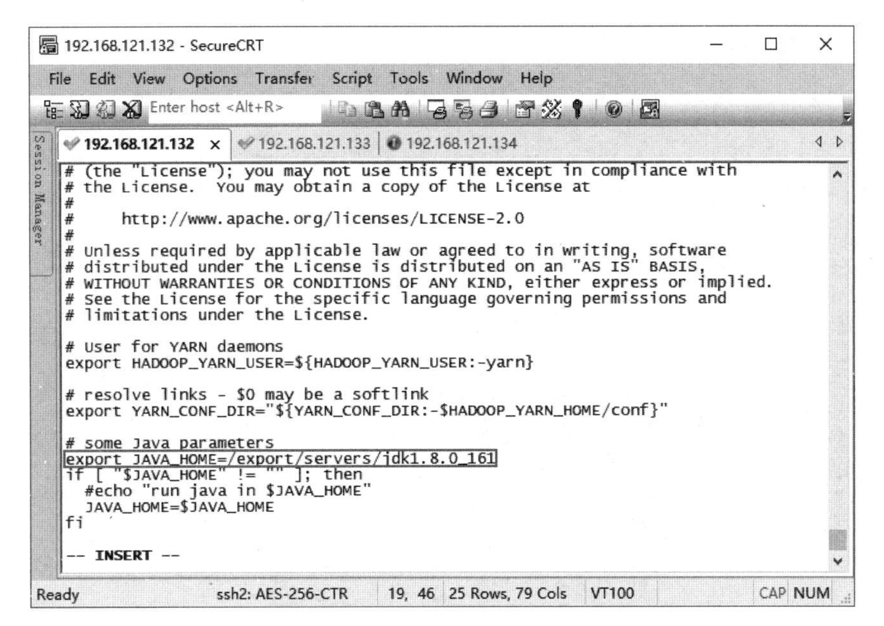

图 2-72　修改 yarn-env.sh 文件

3. 修改 core-site.xml 文件

该文件是 Hadoop 的核心配置文件，在 Hadoop 安装包目录下的/etc/hadoop/目录，执行 vi core-site.xml 命令编辑 core-site.xml 文件，在文件的<configuration></configuration>标签内添加如下内容。

```
<property>
    <name>fs.defaultFS</name>
    <value>hdfs://master</value>
</property>
<property>
    <name>hadoop.tmp.dir</name>
    <value>/export/servers/hadoop-2.7.4/tmp</value>
</property>
<property>
    <name>ha.zookeeper.quorum</name>
    <value>spark01:2181,spark02:2181,spark03:2181</value>
</property>
```

上述配置文件中，参数 fs.defaultFS 在没有配置 HA(高可用)机制的 Hadoop 集群中指定文件系统(HDFS)的通信地址，包括 NameNode 地址和端口号(通常使用 9000)。由于 HA 机制下存在两个 NameNode 节点，所以无法配置单一通信地址，这里通过配置名字空间管理服务(nameservice)指定通信地址；参数 hadoop.tmp.dir 用于指定 Hadoop 集群存储临时文件的目录；参数 ha.zookeeper.quorum 用于指定 ZooKeeper 集群的地址。

4. 修改 hdfs-site.xml 文件

该文件是 HDFS 的核心配置文件，在 Hadoop 安装包目录下的/etc/hadoop/目录，执行 vi hdfs-site.xml 命令编辑 hdfs-site.xml 文件，在文件的<configuration></configuration>标签内添加如下内容。

```
<property>
    <name>dfs.replication</name>
    <value>3</value>
</property>
<property>
    <name>dfs.namenode.name.dir</name>
    <value>/export/data/hadoop/namenode</value>
</property>
<property>
    <name>dfs.datanode.data.dir</name>
    <value>/export/data/hadoop/datanode</value>
</property>
<property>
    <name>dfs.nameservices</name>
    <value>master</value>
</property>
<property>
    <name>dfs.ha.namenodes.master</name>
    <value>nn1,nn2</value>
</property>
<property>
    <name>dfs.namenode.rpc-address.master.nn1</name>
    <value>spark01:9000</value>
</property>
<property>
    <name>dfs.namenode.rpc-address.master.nn2</name>
    <value>spark02:9000</value>
</property>
<property>
    <name>dfs.namenode.http-address.master.nn1</name>
    <value>spark01:50070</value>
</property>
<property>
    <name>dfs.namenode.http-address.master.nn2</name>
    <value>spark02:50070</value>
</property>
<property>
    <name>dfs.namenode.shared.edits.dir</name>
    <value>qjournal://spark01:8485;spark02:8485;spark03:8485/master</value>
```

```
    </property>
    <property>
        <name>dfs.journalnode.edits.dir</name>
        <value>/export/data/hadoop/journaldata</value>
    </property>
    <property>
      <name>dfs.client.failover.proxy.provider.master</name>
      <value>org.apache.hadoop.hdfs.server.namenode.ha.ConfiguredFailoverProxyProvider</value>
    </property>
    <property>
        <name>dfs.ha.fencing.methods</name>
        <value>
            sshfence
            shell(/bin/true)
        </value>
    </property>
    <property>
        <name>dfs.ha.fencing.ssh.private-key-files</name>
        <value>/root/.ssh/id_rsa</value>
    </property>
    <property>
        <name>dfs.ha.automatic-failover.enabled</name>
        <value>true</value>
    </property>
    <property>
        <name>dfs.ha.fencing.ssh.connect-timeout</name>
        <value>30000</value>
    </property>
    <property>
        <name>dfs.webhdfs.enabled</name>
        <value>true</value>
    </property>
```

关于上述配置文件中的参数的含义，具体介绍如下。

(1) dfs.replication：指定 HDFS 副本数。

(2) dfs.namenode.name.dir：指定 NameNode 节点数据(即元数据)的存放位置。

(3) dfs.datanode.data.dir：指定 DataNode 节点数据(即数据块)的存放位置。

(4) dfs.nameservices：指定 nameservices 名称，这里与 core-site.xml 中参数 fs.defaultFS 配置的名称一致。当外界访问集群中的 HDFS 时，通信地址就变成了这个服务，客户端不需要关心访问的是哪台 NameNode 节点在提供服务，此服务会自动切换到处于 Active 状态的 NameNode 节点。

(5) dfs.ha.namenodes.master：自定义每个 NameNode 节点的唯一标识符，注意这里的 master 是 nameservices 名称。

(6) dfs.namenode.rpc-address.master.nn1：指定标识符 nn1 的 NameNode 节点 RPC 服务地址，注意这里的 master 是 nameservices 名称。

(7) dfs.namenode.rpc-address.master.nn2：指定标识符 nn2 的 NameNode 节点 RPC

服务地址,注意这里的 master 是 nameservices 名称。

(8) dfs. namenode. http-address. master. nn1:指定标识符 nn1 的 NameNode 节点 HTTP 服务地址,注意这里的 master 是 nameservices 名称。

(9) dfs. namenode. http-address. master. nn2:指定标识符 nn2 的 NameNode 节点 HTTP 服务地址,注意这里的 master 是 nameservices 名称。

(10) dfs.namenode.shared.edits.dir:指定 NameNode 元数据在 JournalNode 上的共享存储目录,NameNode 主节点向目录中写入数据,NameNode 备用节点读取目录中的数据,以保证 NameNode 主/备节点的数据同步。指定的目录名称 master 可自定义,不过建议与 nameservices 名称一致。

(11) dfs.journalnode.edits.dir:指定 JournalNode 存放数据地址。

(12) dfs.client.failover.proxy.provider.master:指定访问代理类,用于确定当前处于 Active 状态的 NameNode 节点,注意这里的 master 是 nameservices 名称。

(13) dfs. ha. fencing. methods:配置隔离机制,确保在任何给定时间只有一个 NameNode 处于活动状态。

(14) dfs.ha.fencing.ssh.private-key-files:使用 sshfence 隔离机制时需要 ssh 免登录。

(15) dfs.ha.fencing.ssh.connect-timeout:配置 sshfence 隔离机制超时时间。

(16) dfs. webhdfs. enabled:开启 webhdfs 服务,不区分 NameNode 和 DataNode 的 webhdfs 端口,直接使用 NameNode 的 IP 和端口进行所有 webhdfs 操作。

5. 修改 mapred-site.xml 文件

该文件是 MapReduce 的核心配置文件,用于指定 MapReduce 运行时框架。在 Hadoop 安装包目录下的/etc/hadoop/目录中默认没有该文件,需要执行 cp mapred-site. xml. template mapred-site.xml 命令通过复制并重命名模板文件进行创建。创建完成后执行 vi mapred-site.xml 编辑 mapred-site.xml 文件,在文件的<configuration></configuration>标签内添加如下内容。

```
<property>
    <name>mapreduce.framework.name</name>
    <value>yarn</value>
</property>
```

在上述配置文件中,参数 mapreduce. framework. name 指定 MapReduce 作业运行在 YARN 上。

6. 修改 yarn-site.xml 文件

该文件是 YARN 的核心配置文件,在 Hadoop 安装包目录下的/etc/hadoop/目录。执行 vi yarn-site. xml 命令编辑 yarn-site. xml 文件,在文件的<configuration></configuration>标签内添加如下内容。

```
<property>
    <name>yarn.nodemanager.aux-services</name>
    <value>mapreduce_shuffle</value>
</property>
<property>
    <name>yarn.resourcemanager.ha.enabled</name>
    <value>true</value>
</property>
<property>
    <name>yarn.resourcemanager.cluster-id</name>
    <value>yarncluster</value>
</property>
<property>
    <name>yarn.resourcemanager.ha.rm-ids</name>
    <value>rm1,rm2</value>
</property>
<property>
    <name>yarn.resourcemanager.hostname.rm1</name>
    <value>spark01</value>
</property>
<property>
    <name>yarn.resourcemanager.hostname.rm2</name>
    <value>spark02</value>
</property>
<property>
    <name>yarn.resourcemanager.zk-address</name>
    <value>spark01:2181,spark02:2181,spark03:2181</value>
</property>
<property>
    <name>yarn.resourcemanager.recovery.enabled</name>
    <value>true</value>
</property>
<property>
    <name>yarn.resourcemanager.ha.automatic-failover.enabled</name>
    <value>true</value>
</property>
<property>
    <name>yarn.resourcemanager.store.class</name>
    <value>
org.apache.hadoop.yarn.server.resourcemanager.recovery.ZKRMStateStore
  </value>
</property>
<property>
      <name>yarn.log-aggregation-enable</name>
      <value>true</value>
  </property>
```

关于上述配置文件中的参数含义，具体介绍如下。

（1）yarn.nodemanager.aux-services：配置 NodeManager 上运行的附属服务。需要配置成 mapreduce_shuffle 才可以在 YARN 上运行 MapReduce 程序。

（2）yarn.resourcemanager.ha.enabled：开启 ResourceManager 的 HA 机制。

（3）yarn.resourcemanager.cluster-id：自定义 ResourceManager 集群的标识符。

（4）yarn.resourcemanager.ha.rm-ids：自定义集群中每个 ResourceManager 节点的唯一标识符。

（5）yarn.resourcemanager.hostname.rm1：指定标识符 rm1 的 ResourceManager 节点。

（6）yarn.resourcemanager.hostname.rm2：指定标识符 rm2 的 ResourceManager 节点。

（7）yarn.resourcemanager.zk-address：指定 ZooKeeper 集群地址。

（8）yarn.resourcemanager.recovery.enabled：开启自动恢复功能。

（9）yarn.resourcemanager.ha.automatic-failover.enabled：开启故障自动转移。

（10）yarn.resourcemanager.store.class：ResourceManager 存储信息的方式，支持 3 种存储介质的配置 ZooKeeper、内存和 HDFS，在 HA 机制下使用 ZooKeeper(ZKRMStateStore)作为存储介质。

（11）yarn.log-aggregation-enable：开启 YARN 日志。

7. 修改 slaves 文件

slaves 文件用于记录 Hadoop 集群所有 DataNode 节点和 NodeManager 节点的主机名，用来配合一键启动脚本启动集群从节点。打开该配置文件，删除文件中默认存在的 localhost，添加如下内容。

```
spark01
spark02
spark03
```

上述配置文件配置了 Hadoop 集群所有主机名为 spark01、spark02 和 spark03 的节点。

8. 配置 Hadoop 环境变量

执行 vi /etc/profile 命令编辑系统环境变量文件 profile，在文件末尾添加如下内容。

```
export HADOOP_HOME=/export/servers/hadoop-2.7.4
export PATH=$HADOOP_HOME/bin:$HADOOP_HOME/sbin:$PATH
```

完成系统环境变量文件 profile 配置后保存退出，不过此时配置内容尚未生效，还需要执行 source /etc/profile 命令初始化系统环境变量使配置内容生效。

9. 分发文件

为了便于快速配置 Hadoop 集群中其他服务器，这里将虚拟机 Spark01 中的 Hadoop 安装目录和系统环境变量文件分发到虚拟机 Spark02 和 Spark03，具体命令如下。

```
#将 Hadoop 安装目录分发到虚拟机 Spark02 和 Spark03
$scp -r /export/servers/hadoop-2.7.4/ root@spark02:/export/servers/
$scp -r /export/servers/hadoop-2.7.4/ root@spark03:/export/servers/
#将系统环境变量文件分发到虚拟机 Spark02 和 Spark03
$scp /etc/profile root@spark02:/etc/
$scp /etc/profile root@spark03:/etc/
```

完成分发操作，分别在虚拟机 Spark02 和 Spark03 中执行 source /etc/profile 命令初始化系统环境变量。

10. 验证 Hadoop 环境

执行 hadoop version 命令查看当前系统环境的 hadoop 版本，在虚拟机 Spark01 中进行 Hadoop 环境验证，如图 2-73 所示。

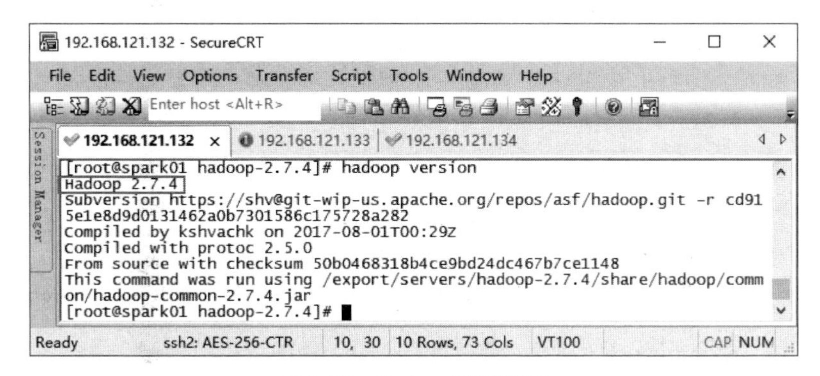

图 2-73　Hadoop 环境验证

从图 2-73 可以看出，执行查看 Hadoop 版本命令，输出 Hadoop 2.7.4…内容，说明成功配置了 Hadoop 环境变量。

2.4.4　启动 Hadoop 高可用集群

通过 2.4.1～2.4.3 节的介绍，我们成功部署了 Hadoop 高可用集群，本节详细讲解如何正确启动 Hadoop 高可用集群，具体操作步骤如下。

1. 启动 ZooKeeper

因为 Hadoop 高可用集群依赖于 ZooKeeper 集群，所以在启动 Hadoop 高可用集群前需要确保启动 ZooKeeper 集群，在 3 台虚拟机 Spark01、Spark02 和 Spark03 中分别执行 zkServer.sh status 命令查看每台虚拟机的 ZooKeeper 服务状态，若处于关闭状态，则执行 zkServer.sh start 命令启动每台虚拟机的 ZooKeeper 服务。

2. 启动 JournalNode

由于 JournalNode 负责两个 NameNode 节点间通信，为了避免 Hadoop 高可用集群启动后两个 NameNode 节点间无法正常通信，需要在 3 台虚拟机 Spark01、Spark02 和 Spark03 中分别启动 JournalNode，启动 JournalNode 的命令如下。

```
$hadoop-daemon.sh start journalnode
```

分别在 3 台虚拟机中执行上述命令启动 JournalNode，启动完成后执行 jps 命令查看 JournalNode 是否成功启动，若出现 JournalNode 进程则证明 JournalNode 启动成功，具体效果如图 2-74～图 2-76 所示。

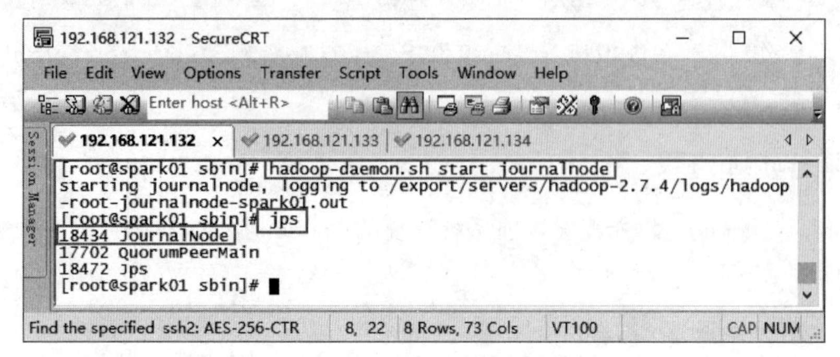

图 2-74 在虚拟机 Spark01 中启动 JournalNode

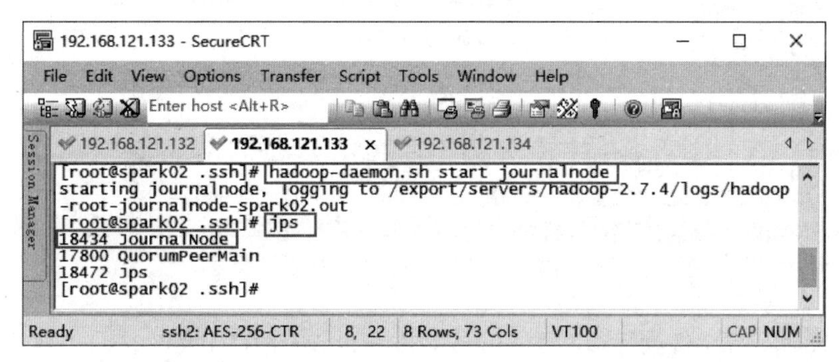

图 2-75 在虚拟机 Spark02 中启动 JournalNode

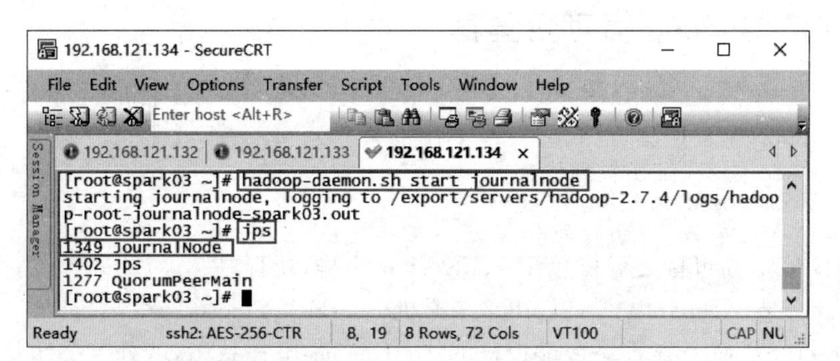

图 2-76 在虚拟机 Spark03 中启动 JournalNode

3. 初始化 NameNode（仅初次启动执行）

NameNode 需要进行初始化操作才可以使用，在 Hadoop 主节点虚拟机 Spark01 上执行如下命令初始化 NameNode。

```
$hdfs namenode -format
```

执行上述命令，若初始化完成后出现 successfully formatted，则证明成功初始化 NameNode，具体效果如图 2-77 所示。

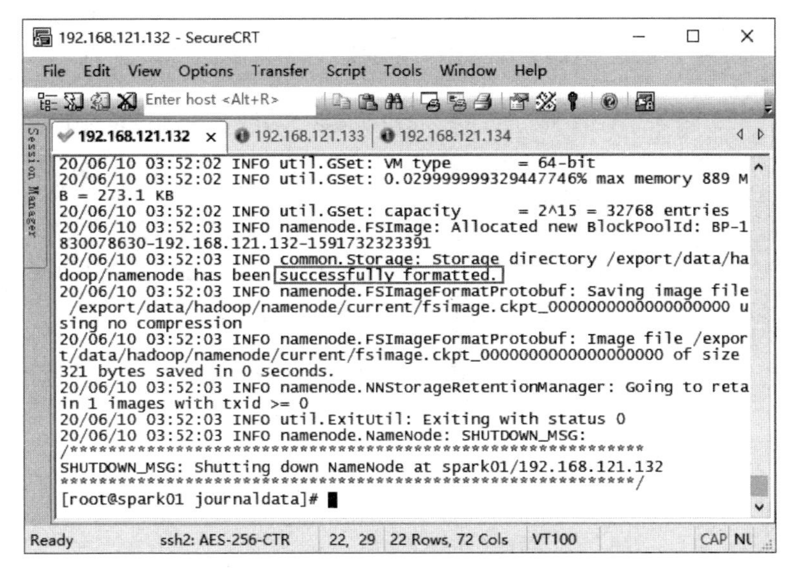

图 2-77　成功初始化 NameNode

4. 初始化 ZooKeeper（仅初次启动执行）

在任意一台 NameNode 节点初始化 ZooKeeper 中的 HA 状态，这里以 NameNode 主节点虚拟机 Spark01 为例，具体命令如下。

```
$hdfs zkfc -formatZK
```

执行上述命令，若初始化完成后出现 Successfully created xxx in ZK…，则证明成功初始化 ZooKeeper，具体效果如图 2-78 所示。

5. NameNode 同步（仅初次启动执行）

NameNode 主节点执行初始化命令后，需要将元数据目录的内容复制到其他未格式化的 NameNode 备用节点上，以确保主节点和备用节点的 NameNode 数据一致，在虚拟机 Spark01 上执行如下命令。

```
$scp -r /export/data/hadoop/namenode/ root@spark02:/export/data/hadoop/
```

上述命令将 NameNode 主节点的元数据目录复制到 NameNode 备用节点的元数据目录。

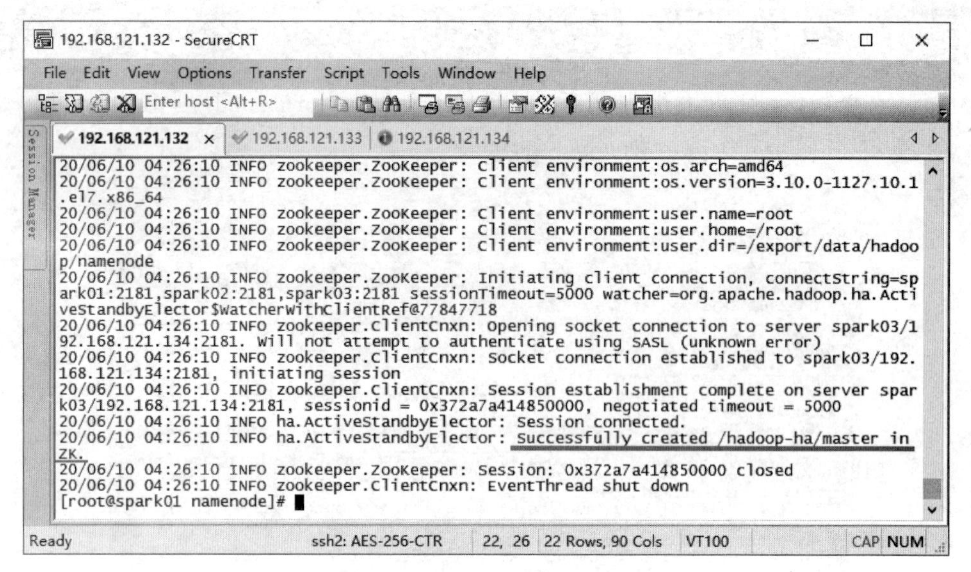

图 2-78 成功初始化 ZooKeeper

6. 启动 HDFS

启动 Hadoop 集群的 HDFS，此时虚拟机 Spark01 和 Spark02 上的 NameNode 和 ZKFC 以及虚拟机 Spark01、Spark02 和 Spark03 上的 DataNode 都会被启动。在虚拟机 Spark01 上执行如下命令启动 Hadoop 集群的 HDFS。

```
$start-dfs.sh
```

7. 启动 YARN

启动 Hadoop 集群的 YARN，此时虚拟机 Spark01 上的 ResourceManager 以及虚拟机 Spark01、Spark02 和 Spark03 上的 NodeManager 都会被启动。在虚拟机 Spark01 上执行如下命令启动 Hadoop 集群的 YARN。

```
$start-yarn.sh
```

需要注意的是，上述命令并不会在虚拟机 Spark02 上启动 ResourceManager 备用节点，需要在虚拟机 Spark02 上执行 yarn-daemon.sh start resourcemanager 命令启动 ResourceManager 备用节点。

8. 查看集群

分别在 3 台虚拟机 Spark01、Spark02 和 Spark03 上执行 jps 命令查看 Hadoop 高可用集群相关进程是否成功启动，具体效果如图 2-79～图 2-81 所示。

从图 2-79～图 2-81 可以看出，3 台虚拟机的启动结果与 Hadoop 高可用集群规划时各虚拟机启动的进程一致，说明已成功启动 Hadoop 高可用集群。

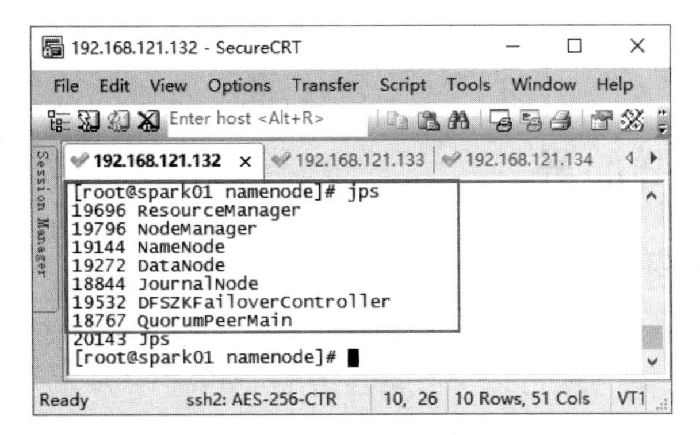

图 2-79　虚拟机 Spark01 上 Hadoop 高可用集群相关进程

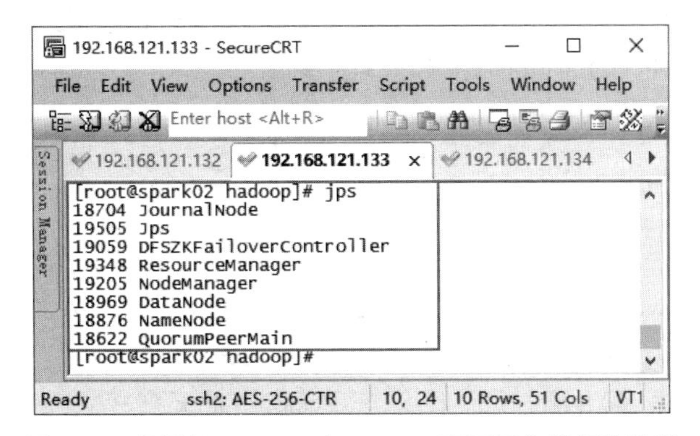

图 2-80　虚拟机 Spark02 上 Hadoop 高可用集群相关进程

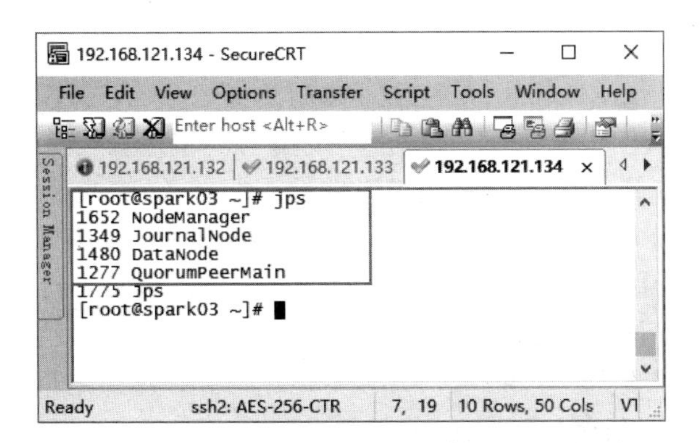

图 2-81　虚拟机 Spark03 上 Hadoop 高可用集群相关进程

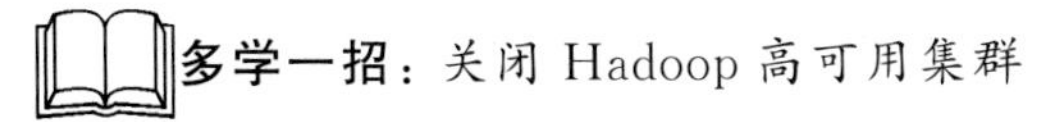

多学一招：关闭 Hadoop 高可用集群

关闭 Hadoop 高可用集群需按照如下顺序进行操作。

(1) 关闭 ResourceManager 备用节点，在虚拟机 Spark02 上执行 yarn-daemon.sh stop resourcemanager 命令。

(2) 关闭 YARN，在虚拟机 Spark01 上执行 stop-yarn.sh 命令。

(3) 关闭 HDFS，在虚拟机 Spark01 上执行 stop-dfs.sh 命令。

(4) 关闭 JournalNode，分别在 3 台虚拟机 Spark01、Spark02 和 Spark03 上执行 hadoop-daemon.sh stop journalnode 命令。

2.5 Spark 集群部署

2.5.1 Spark 集群部署模式

Spark 有 3 种集群部署模式，分别是 Standalone、Mesos 和 YARN，这 3 种模式都属于 master/slave 模式。关于这 3 种集群模式的具体介绍如下。

1. Standalone

Standalone(独立模式)是 Spark 一种简单的集群部署模式，自带完整的服务，可单独部署到一个集群中，无须依赖任何其他资源调度管理系统。Spark 在 Standalone 模式下可借助 ZooKeeper 解决单点故障问题。不过 Standalone 只支持简单的固定资源分配策略，在多用户时很可能导致有些用户无法分配到资源。

2. Mesos

Mesos(Spark on Mesos 模式)是一款资源调度管理系统，可以为 Spark 提供资源调度服务，由于 Spark 与 Mesos 存在密切的关系，所以在设计 Spark 框架时充分考虑到了对 Mesos 的集成。Spark on Mesos 模式下用户可选择两种调度模式之一运行自己的应用程序，分别是粗粒度模式(coarse-grained Mode)和细粒度模式(fine-grained mode)。

3. YARN

YARN(Spark on YARN 模式)是一款资源调度管理系统，支持动态资源分配策略，可以为 Spark 提供资源调度服务，由于在生产环境中，很多时候都要与 Hadoop 同在一个集群，所以采用 YARN 来管理资源调度，可以降低运维成本和提高资源利用率，避免出现多个资源管理器造成资源分配的混乱无序的问题，YARN 模式又分为 YARN Cluster 模式和 YARN Client 模式，其中 YARN Cluster 模式适用于生产环境，YARN Client 模式适用于交互、调试，可以看到程序的结果输出。

上述 3 种集群部署方案各有利弊，通常需要根据实际情况决定采用哪种方案。由于本项目的大数据集群环境会同时运行 Hadoop 和 Spark，所以从兼容性的角度来看，Spark on YARN 是更好的选择。

多学一招：Standalone 与 Spark On YARN 模式下 Spark 程序运行过程

Standalone 模式下 Spark 通过 SparkContext 向 Cluster Manager(资源管理器，即 Master)申请所需执行的资源，Cluster Manager 分配应用程序执行需要的资源，在 Worker 节点上创建 Executor，SparkContext 将程序(jar 包或 Python 文件)和 Task 任务发送给 Executor 执行，并收集结果给 Driver。

Spark OnYARN 模式下 Spark 通过 SparkContext 向 ResourceManager(资源管理器)申请所需执行的资源，ResourceManager 分配应用程序执行需要的资源，为 NodeManager

分配一个 Container,并在该 Container 中启动 AppMaster,此时,AppMaster 上运行的是 SparkDriver。SparkDriver 在 Container 上启动 SparkExecutor,并调度 SparkContext 提交的程序和 SparkTask 在 SparkExecutor 上运行,等到所有的任务执行完毕后,向 AppManager 取消注册并释放资源。

2.5.2 Spark 集群安装配置

Spark On YARN 模式中无须单独部署 Spark 集群,其本质是将 Spark 程序提交到 Hadoop 集群的 YARN 中运行,此时的 Spark 只作为提交程序的客户端,由于在 2.4 节中已经部署了 Hadoop 的高可用集群,所以这里只需要在 3 台虚拟机的其中一台安装单机版的 Spark 即可,这里以虚拟机 Spark01 为例,具体安装步骤如下。

1. 下载 Spark

Spark 是一个由 Apache 基金会开发的专为大规模数据处理而设计,快速通用的计算引擎,本项目使用的 Spark 版本为 2.3.2,读者可访问 Apache 资源网站下载使用。

2. 上传 Spark

使用 SecureCRT 远程连接工具连接虚拟机 Spark01,在存放应用安装包的目录/export/software/下执行 rz 命令上传 Spark 安装包 spark-2.3.2-bin-hadoop2.7.tgz。

3. 安装 Spark

通过解压缩的方式安装 Spark,将 Spark 安装到存放应用的目录/export/servers/,具体命令如下。

```
$tar -zxvf /export/software/spark-2.3.2-bin-hadoop2.7.tgz -C /export/servers/
```

4. 修改 Spark 配置文件

Spark 的配置文件位于 Spark 安装目录下的 conf 目录。默认情况下,conf 目录只有配置的样例文件 spark-env.sh.template,这里将此样例文件复制一份并命名为 spark-env.sh,具体命令如下。

```
$cp spark-env.sh.template spark-env.sh
```

执行 vi spark-env.sh 命令编辑配置文件 spark-env.sh,添加如下内容。

```
export JAVA_HOME=${JAVA_HOME}
export HADOOP_CONF_DIR=/export/servers/hadoop-2.7.4/etc/hadoop/
```

上述配置内容主要用于配置 Java 环境变量和指定 Hadoop 配置文件所在目录。

5. 配置 Spark 环境变量

执行 vi /etc/profile 命令编辑系统环境变量文件 profile,在文件末尾添加如下内容。

```
export SPARK_HOME=/export/servers/spark-2.3.2-bin-hadoop2.7
export PATH=$SPARK_HOME/bin:$SPARK_HOME/sbin:$PATH
```

完成系统环境变量文件 profile 配置后保存退出，不过此时配置内容尚未生效，还需要执行 source /etc/profile 命令初始化系统环境变量使配置内容生效。

6. Spark 环境验证

执行 spark-shell --master yarn --deploy-mode client 命令进入 Spark Shell 交互界面，如图 2-82 所示。

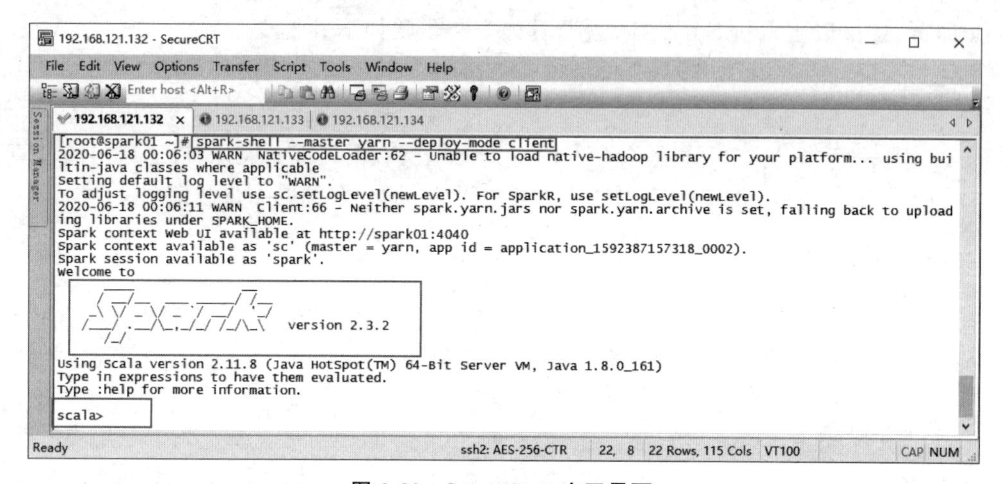

图 2-82　Spark Shell 交互界面

从图 2-82 可以看出，当前 Spark 版本为 2.3.2 并且可以成功进入 Spark Shell 交互界面，证明 Spark 成功安装。

2.5.3　Spark 集群测试

2.5.2 节成功安装并配置了 Spark，接下来使用 Spark 官方示例 SparkPi，验证 Spark 的任务是否可以成功提交到 YARN 中运行。这里以安装了 Spark 的虚拟机 Spark01 为例，执行提交 Spark 任务到 YARN 中运行，具体命令如下。

```
spark-submit --class org.apache.spark.examples.SparkPi \
--master yarn \
--deploy-mode client \
--driver-memory 2g \
--executor-memory 1g \
--executor-cores 1 \
/export/servers/spark-2.3.2-bin-hadoop2.7/examples/jars/spark-examples_2.11-2.3.2.jar \
10
```

关于上述命令参数的含义，具体介绍如下。

- --class：调用 jar 包中指定类。
- --master yarn：指定 Spark 任务提交到 YARN 运行。

- --executor-memory 1g：指定每个 Executor 的可用内存为 1GB。
- --driver-memory 2g：指定每个 Driver 的可用内存为 2GB。
- --executor-cores 1：指定每个 Executor 使用的 CPU 核心数为一个。
- --deploy-mode client：指定 Spark on YARN 的运行模式为 Client，便于查看输出结果。

执行上述命令，将 Spark 任务提交到 YARN 中运行，在浏览器输入 http://192.168.121.132:8088 查看 YARN 管理界面，如图 2-83 所示。

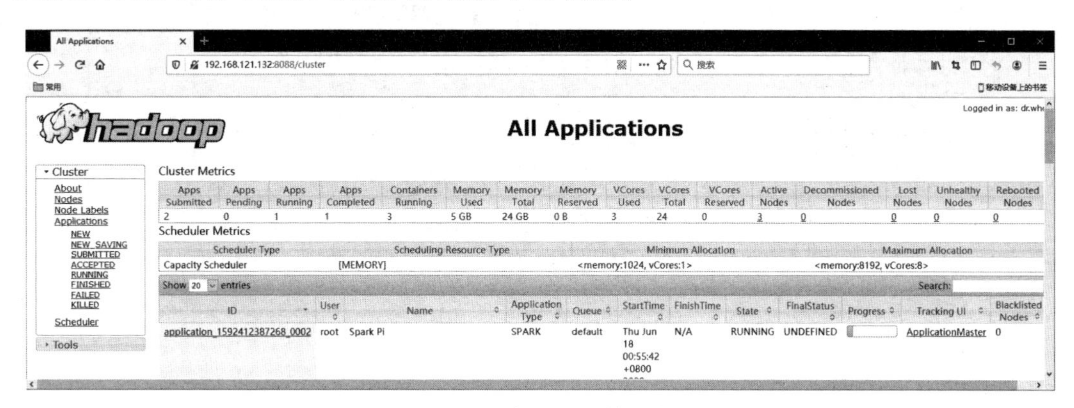

图 2-83　观察 YARN 管理界面

在图 2-83 中，State(状态)为 RUNNING，表示当前 YARN 中正在执行的 Spark 任务，执行几秒后，刷新页面，此时 Spark 任务的 State 为 FINISHED，表示当前 Spark 任务执行完成，如图 2-84 所示。

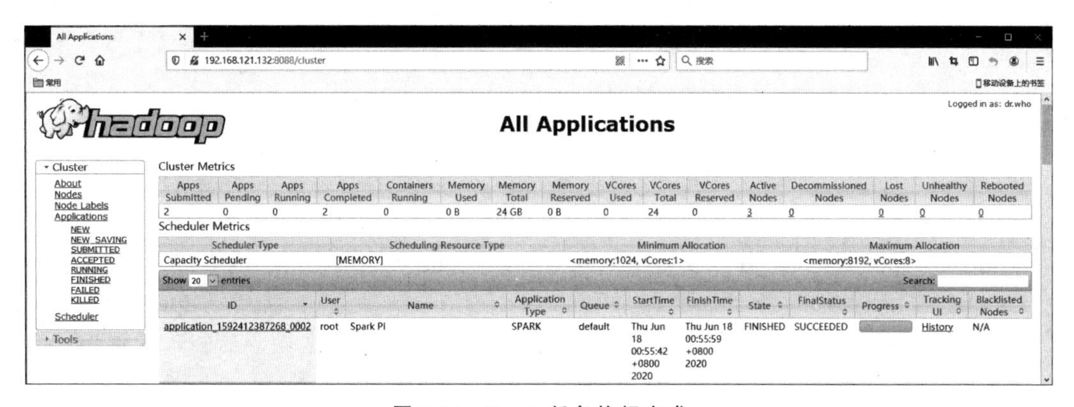

图 2-84　Spark 任务执行完成

从图 2-84 中可以看出，FinalStatus(最终状态)为 SUCCEEDED，表示当前 Spark 任务执行成功，返回执行命令窗口查看 Spark 任务执行结果，如图 2-85 所示。

从图 2-85 中可以看出，Pi 值已经被计算完毕，即 Pi is roughly 3.1414351414351414(此值为非固定值)。

脚下留心：解决 Spark 提交任务时 YARN 异常问题

(1) 在部署 Spark on YARN 集群时，可以在 3 台虚拟机的 Hadoop 配置文件 yarn-site.

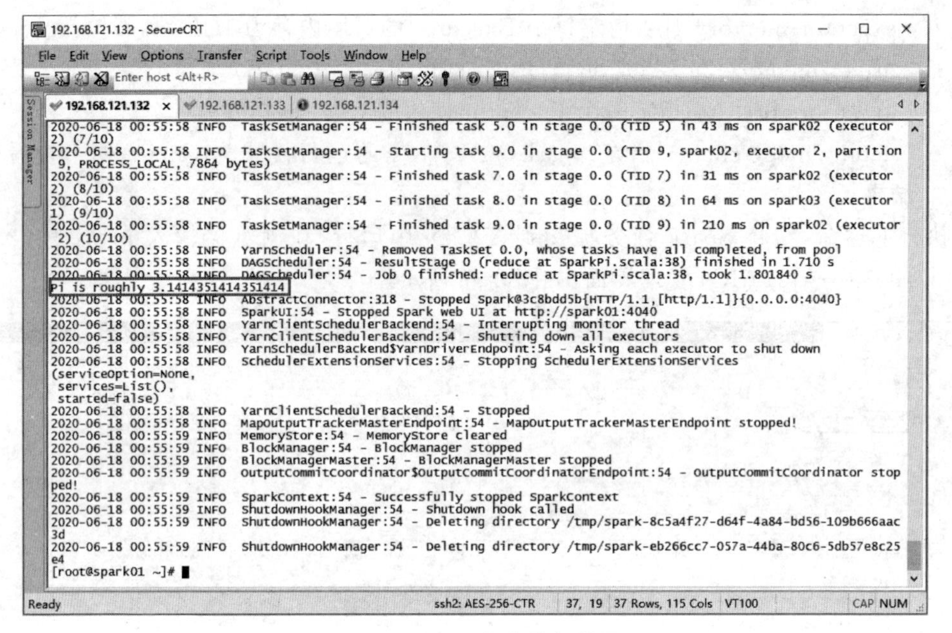

图 2-85　Spark 任务执行结果

xml 中添加如下内容，防止提交 Spark 任务时，YARN 可能将 Spark 任务 Kill 掉，导致 Failed to send RPC xxxxxx 异常。

```
<property>
  <name>yarn.nodemanager.pmem-check-enabled</name>
  <value>false</value>
</property>
<property>
  <name>yarn.nodemanager.vmem-check-enabled</name>
  <value>false</value>
</property>
```

yarn-site.xml 修改完成后，重新启动 YARN 集群，首先在虚拟机 Spark02 执行 yarn-daemon.sh stop resourcemanager 命令关闭备用 ResourceManager，然后在虚拟机 Spark01 执行 stop-yarn.sh 命令关闭 YARN 集群，最后分别在虚拟机 Spark01 和 Spark02 上执行 start-yarn.sh 及 yarn-daemon.sh start resourcemanager 命令启动 YARN 集群和备用 ResourceManager。

（2）若 NodeManager 与 ResourceManager 所在主机间时间不同步，YARN 执行作业时会遇到类似 Unauthorized request to start container 的错误，因此需要为集群配置时间同步。

2.6　HBase 集群部署

2.6.1　HBase 集群规划

HBase 是一个面向列的分布式存储数据库，利用 HBase 技术可在 PC Server 上搭建大规模结构化存储集群。

HBase 的运行依赖于 Hadoop 和 ZooKeeper。HBase 利用 HDFS 作为其文件存储系统；利用 MapReduce 处理 HBase 中的数据；利用 ZooKeeper 作为分布式应用程序协调服务，同时存储 HBase 集群的元数据信息可以为 HBase 集群提供故障自动转移功能，以保证 HBase 集群的高可用。接下来，以这 3 台虚拟机 Spark01、Spark02 和 Spark03 为例，讲解如何部署 HBase 高可用集群，HBase 高可用集群的规划如图 2-86 所示。

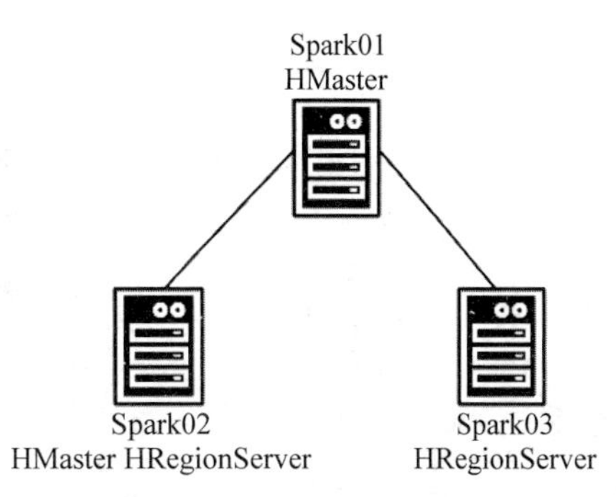

图 2-86　HBase 高可用集群的规划

在图 2-86 中，HBase 高可用集群中的虚拟机 Spark01 和 Spark02 是 HMaster（主节点），虚拟机 Spark02 和 Spark03 是 HRegionServer（从节点），这里将虚拟机 Spark02 既部署为 HMaster 又部署为 HRegionServer，目的是实现 HBase 集群的高可用，避免主节点宕机导致整个集群不可用。

2.6.2　HBase 集群安装配置

本章 2.3 和 2.4 节利用虚拟机 Spark01、Spark02 和 Spark03 成功部署了 ZooKeeper 集群和 Hadoop 高可用集群，这里只需要在 3 台虚拟机中安装 HBase 集群即可，这里以操作虚拟机 Spark01 为例，安装配置 HBase 的具体步骤如下。

1. 下载 HBase

本项目使用的 HBase 版本为 1.2.1，读者可访问 Apache 资源网站下载使用。

2. 上传 HBase

使用 SecureCRT 远程连接工具连接虚拟机 Spark01，在存放应用安装包的目录 /export/software/下执行 rz 命令上传 HBase 安装包 hbase-1.2.1-bin.tar.gz。

3. 安装 HBase

通过解压缩的方式安装 HBase，将 HBase 安装到存放应用的目录/export/servers/，具体命令如下。

```
$tar -zxvf /export/software/hbase-1.2.1-bin.tar.gz -C /export/servers/
```

4. 修改配置文件 hbase-env.sh

进入 HBase 安装目录的 conf 目录下，执行 vi hbase-env.sh 编辑配置文件 hbase-env.sh，修改 JAVA_HOME 和 HBASE_MANAGES_ZK 参数，修改后的内容如下。

```
#The java implementation to use.  Java 1.7+required.
export JAVA_HOME=/export/servers/jdk1.8.0_161
#Tell HBase whether it should manage it's own instance ofZooKeeper or not.
export HBASE_MANAGES_ZK=false
```

上述内容中，参数 JAVA_HOME 的值为本地安装的 JDK 路径；参数 HBASE_MANAGES_ZK 的值改为 false，表示不使用 HBase 内置的 ZooKeeper。

5. 修改配置文件 hbase-site.xml

进入 HBase 安装目录的 conf 目录下，执行 vi hbase-site.xml 编辑配置文件 hbase-site.xml，在<configuration> </configuration>标签内添加如下内容。

```
<property >
    <name>hbase.rootdir</name>
    <value>hdfs://master/hbase</value>
</property>
<property >
    <name>hbase.cluster.distributed</name>
    <value>true</value>
</property>
<property>
    <name>hbase.zookeeper.quorum</name>
    <value>spark01:2181,spark02:2181,spark03:2181</value>
</property>
```

关于上述配置文件中的参数的含义，具体介绍如下。

(1) hbase.rootdir：HBase 集群中所有 HRegionServer 共享目录，用来持久化 HBase 的数据，一般设置的是 HDFS 的文件目录，由于部署的 Hadoop 是高可用集群，因此，这里需要与 Hadoop 配置文件 core-site.xml 中参数 fs.defaultFS 指定的 nameservice 一致(master)，若使用非高可用集群，则指定 NameNode 节点主机名加端口号即可。

(2) hbase.cluster.distributed：设置 HBase 的存储模式为分布式存储，默认为 false。

(3) hbase.zookeeper.quorum：设置 ZooKeeper 的服务器列表信息。

6. 修改配置文件 regionservers

进入 HBase 安装目录的 conf 目录下，执行 vi regionservers 命令编辑配置文件 regionservers，删除默认的 localhost，添加运行 HRegionServer 虚拟机的主机名 spark02 和 spark03，具体修改内容如下。

```
spark02
spark03
```

7. 复制 Hadoop 配置文件

进入 Hadoop 安装目录的/etc/hadoop 目录下，将配置文件 core-site.xml 和 hdfs-site.xml 复制到 HBase 安装目录的 conf 目录下，用于 HBase 启动时读取 Hadoop 的核心配置信息和 HDFS 配置信息，具体命令如下。

```
$cp {core-site.xml,hdfs-site.xml} /export/servers/hbase-1.2.1/conf/
```

8. 配置备用 HMaster

进入 HBase 安装目录的 conf 目录下，执行 vi backup-masters 命令编辑备用 HMaster 配置文件，在配置文件中添加备用 HMaster 所在虚拟机的主机名 spark02。

9. 分发 HBase 安装目录

为了便于快速配置集群中其他服务器，这里将虚拟机 Spark01 中的 HBase 安装目录分发到虚拟机 Spark02 和 Spark03，具体命令如下。

```
$scp -r /export/servers/hbase-1.2.1/ root@spark02:/export/servers/
$scp -r /export/servers/hbase-1.2.1/ root@spark03:/export/servers/
```

10. 配置 HBase 环境变量

执行 vi /etc/profile 命令编辑系统环境变量文件 profile，配置 HBase 环境变量，在文件末尾添加如下内容。

```
export HBASE_HOME=/export/servers/hbase-1.2.1
export PATH=$PATH:$HBASE_HOME/bin
```

完成系统环境变量文件 profile 配置后保存退出，不过此时配置内容尚未生效，还需要执行 source /etc/profile 命令初始化系统环境变量，使配置内容生效。

至此，我们完成了 HBase 集群安装配置操作，有关虚拟机 Spark02 和 Spark03 配置 HBase 环境变量操作，读者可以自行重复第 10 步操作完成即可。

2.6.3 启动 HBase 集群

在确保 ZooKeeper 集群和 Hadoop 高可用集群正常启动的情况下，启动 HBase 高可用集群，这里以操作虚拟机 Spark01 为例，具体命令如下。

```
$start-hbase.sh
```

分别在虚拟机 Spark01、Spark02 和 Spark03 中执行 jps 命令查看 HBase 高可用集群服务启动状态，如图 2-87～图 2-89 所示。

从图 2-87～图 2-89 可以看出，虚拟机 Spark01 上出现 HMaster 进程，虚拟机 Spark02 上出现 HMaster 和 HRegionServer 进程，虚拟机 Spark03 上出现 HRegionServer 进程，证明 HBase 高可用集群成功启动，若需要关闭 HBase 高可用集群，则执行 stop-hbase.sh 即可。

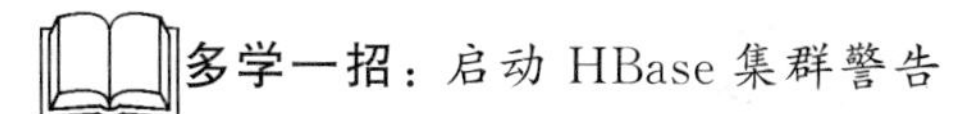

若启动 HBase 时出现“Java HotSpot(TM) 64-Bit Server VM warning: ignoring option xxx; support was removed in 8.0”警告信息，这是因为使用 JDK 的版本为 8，此时可以在 hbase-env.sh 文件中注释如下内容即可，再次重启 HBase 集群便不会再出现警告。

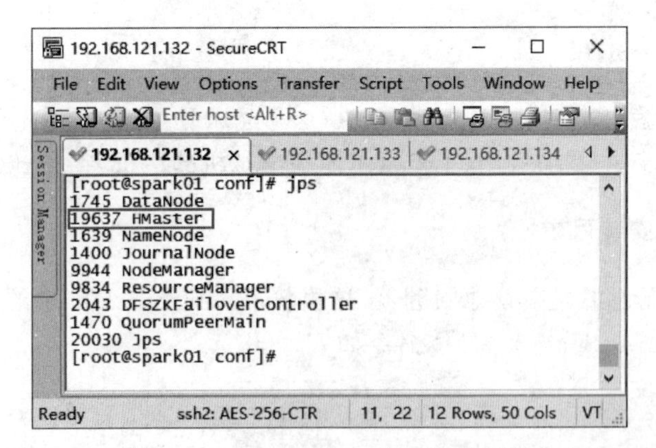

图 2-87　虚拟机 Spark01 中 HBase 高可用集群服务启动状态

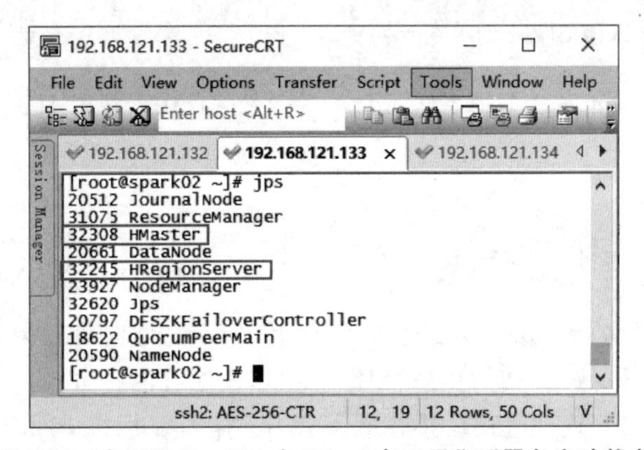

图 2-88　虚拟机 Spark02 中 HBase 高可用集群服务启动状态

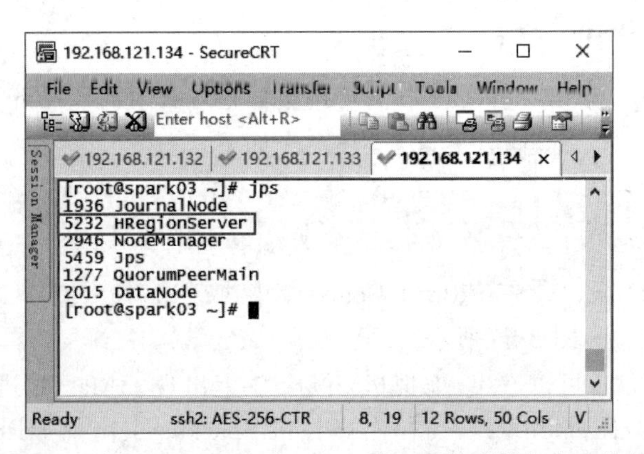

图 2-89　虚拟机 Spark03 中 HBase 高可用集群服务启动状态

```
#Configure PermSize. Only needed in JDK7. You can safely remove it for JDK8+
#export HBASE_MASTER_OPTS="$HBASE_MASTER_OPTS -XX:PermSize=128m -XX:MaxPermSize=128m"
#export HBASE_REGIONSERVER_OPTS="$HBASE_REGIONSERVER_OPTS -XX:PermSize=128m -XX:MaxPermSize=128m"
```

2.7 Kafka 集群部署

Kafka 是一个高吞吐量、基于 ZooKeeper(ZooKeeper 维护 Kafka 的 broker 信息)的分布式发布订阅信息系统,它可以处理消费者在网站中的所有动作(网页浏览、搜索和其他用户的行动)流数据。通常情况下,使用 Kafka 构建系统或应用程序之间的数据管道,用来转换或响应实时数据,使数据能够及时地进行业务计算,得出相应结果。本节 Kafka 集群部署将基于虚拟机 Spark01、Spark02 和 Spark03 进行操作。

2.7.1 Kafka 集群的安装与配置

本项目使用 Kafka 的版本为 2.0.0,这里以虚拟机 Spark01 为例,介绍 Kafka 的安装与配置,具体步骤如下。

1. 下载 Kafka

访问 Apache 资源网站下载 Linux 操作系统的 Kafka 安装包 kafka_2.11-2.0.0.tgz。

2. 上传 Kafka

使用 SecureCRT 远程连接工具连接虚拟机 Spark01,在存放应用安装包的目录/export/software/下执行 rz 命令上传 Kafka 安装包。

3. 安装 Kafka

通过解压缩的方式安装 Kafka,将 Kafka 安装到存放应用的目录/export/servers/,具体命令如下。

```
$tar -zxvf /export/software/kafka_2.11-2.0.0.tgz -C /export/servers/
```

4. 修改配置文件 server.properties

进入 Kafka 安装目录的 config 目录下,执行 vi server.properties 命令编辑配置文件 server.properties,修改如下参数的值。

```
broker.id=0
listeners=PLAINTEXT://spark01:9092
log.dirs=/export/data/kafka
zookeeper.connect=spark01:2181,spark02:2181,spark03:2181/kafka
```

关于上述配置文件中的参数的含义,具体介绍如下。

(1) broker.id:broker 的全局唯一编号,每个 kafka 节点的编号值不能重复。

(2) listeners:定义外部连接者通过指定主机名和端口号访问开放的 Kafka 服务(替换 host.name 和 port 参数)。

(3) log.dirs:定义 Kafka 日志存储目录。

(4) zookeeper.connect：配置 ZooKeeper 集群地址，其中/kafka 用于指定 ZooKeeper 中存储 Kafka 信息的 znode(目录节点)。

5. 分发 Kafka 安装包

为了便于快速配置集群中其他服务器，这里将虚拟机 Spark01 中的 Kafka 安装目录分发到虚拟机 Spark02 和 Spark03，具体命令如下。

```
$scp -r /export/servers/kafka_2.11-2.0.0/ root@spark02:/export/servers/
$scp -r /export/servers/kafka_2.11-2.0.0/ root@spark03:/export/servers/
```

Kafka 安装包分发完成后，需要分别在虚拟机 Spark02 和虚拟机 Spark03 中修改配置文件内容，将参数 broker.id 的值分别修改为 1 和 2，参数 listeners 的值分别修改为 PLAINTEXT://spark02:9092 和 PLAINTEXT://spark03:9092。

至此，完成了 Kafka 集群的安装与配置。

2.7.2 启动 Kafka 集群

启动 Kafka 集群时，需要确保 ZooKeeper 集群是正常启动的。下面分别在虚拟机 Spark01、Spark02 和 Spark03 的 Kafka 安装目录下，执行如下命令启动 Kafka 集群。

```
$bin/kafka-server-start.sh config/server.properties &
```

执行上述命令会输出 Kafka 启动信息，若启动信息中出现[KafkaServer id=0] started 内容，则证明 Kafka 成功启动。此时按 Enter 键跳出启动信息，执行 jps 命令查看 Kafka 进程，如图 2-90～图 2-92 所示。

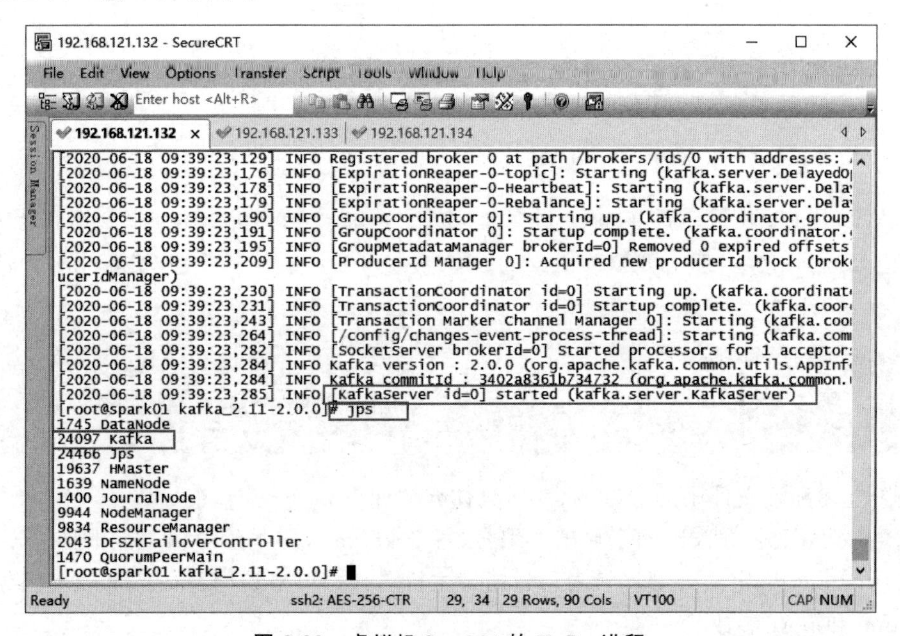

图 2-90 虚拟机 Spark01 的 Kafka 进程

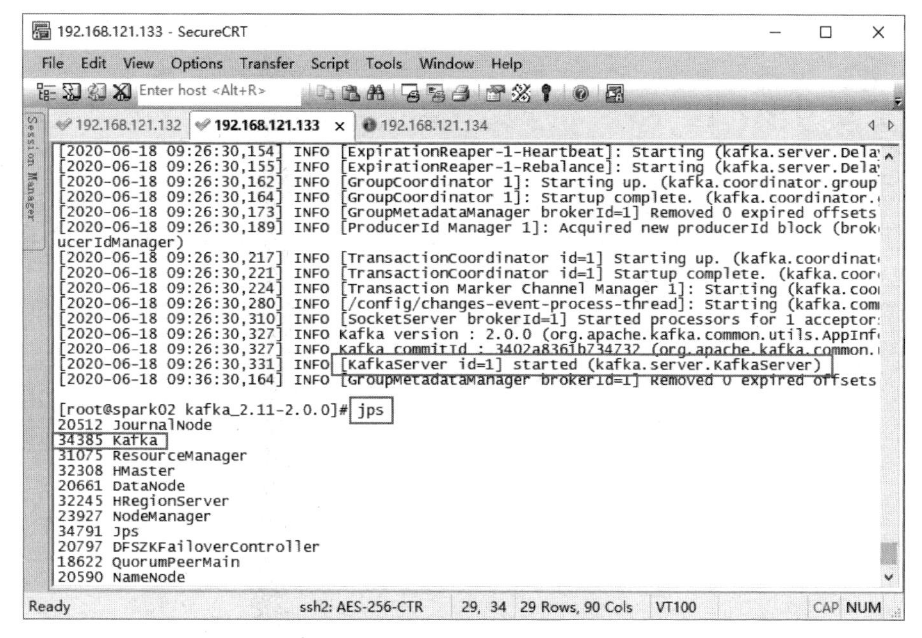

图 2-91　虚拟机 Spark02 的 Kafka 进程

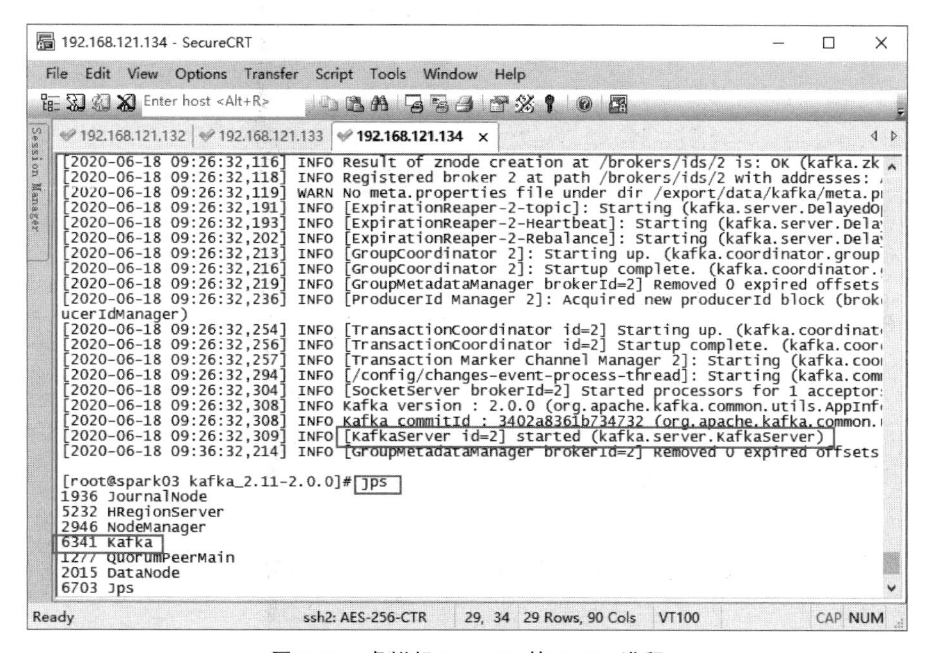

图 2-92　虚拟机 Spark03 的 Kafka 进程

从图 2-90～图 2-92 可以看出，3 台虚拟机均成功启动 Kafka，并且 Kafka 进程运行正常。需要注意的是，Kafka 启动成功信息中的 id 值与 Kafka 配置文件中参数 broker.id 设置的值应该一致。

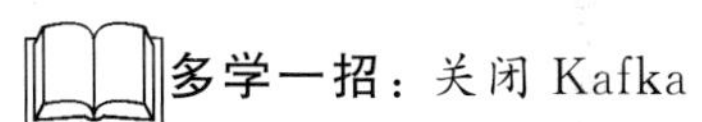

多学一招：关闭 Kafka

在执行 jps 命令查看系统启动的进程服务时，在相关进程名称前会存在一个进程号，例如虚拟机 Spark03 中 Kafka 的进程号为 6341，若要关闭此进程，则执行 kill -2 6341 即可。

2.8 本章小结

本章主要针对大数据集群环境的搭建进行了讲解，首先对集群搭建的安装准备进行了讲解，其中包括创建虚拟机、启动虚拟机并安装 Linux 操作系统、克隆虚拟机、配置 Linux 网络及主机名、SSH 配置和配置时间同步；然后讲解安装集群环境所需的 JDK 环境；最后依次部署 ZooKeeper、Hadoop、Spark、HBase 和 Kafka 集群，完成大数据集群环境的搭建。通过本章的学习，读者可掌握基本的大数据环境搭建，为后续项目的开展奠定基础。

第3章 热门品类Top10分析

学习目标

- 掌握热门品类 Top10 分析实现思路。
- 掌握如何创建 Spark 连接并读取数据集。
- 掌握利用 Spark 获取业务数据。
- 掌握利用 Spark 统计品类的行为类型。
- 掌握利用 Spark 过滤品类的行为类型。
- 掌握利用 Spark 合并相同品类的行为类型。
- 掌握利用 Spark 根据品类的行为类型进行排序。
- 掌握将数据持久化到 HBase 数据库。
- 熟悉通过 Spark On YARN 运行程序。

品类指商品所属分类，用户在访问电商网站时，通常会产生很多行为，如查看商品的信息、将感兴趣的商品加入购物车和购买商品等，这些行为都将作为数据被网站存储。本章通过对电商网站存储的用户行为数据进行分析，从而统计出排名前十的热门品类。

3.1 数据集分析

某电商网站 2019 年 11 月产生的用户行为数据存储在文件 user_session.txt，该文件中的每一行数据都表示一个用户行为，所有行为都与商品和用户有关。由于原始数据集较大(13.7GB)，对硬件配置要求较高，考虑到读者学习的便捷性，从原始数据集中抽取了 500 万条数据(约 1GB)进行分析。虽然数据比较多，但是数据内容格式基本类似，这里选取其中一条数据进行分析，具体如下。

```
{"user_session":"0000007c-adbf-4ed7-af17-d1fef9763d67","event_type":"view","category_
id":"2053013553090134275","user_id":"560165420","product_id":"8900305","address_name":
"Maryland","event_time":"2019-11-18 09:16:19"}
```

上述数据包含很多字段，每个字段都代表特定的含义，具体介绍如下。

- user_session：用于标识用户行为的唯一值。
- event_type：表示用户行为的类型，包括 view(查看)、cart(加入购物车)和 purchase(购买)行为。

- category_id：表示商品品类 ID。
- user_id：表示用户 ID。
- product_id：表示商品 ID。
- address_name：表示产生事件的区域。
- event_time：表示产生事件的具体时间。

注：本书的配套资源会为读者提供数据集文件 user_session.txt。

3.2 实现思路分析

用户在访问电商网站时，通常会针对商品产生很多行为事件，如查看、加入购物车和购买。首先需要分别统计各个品类商品的查看次数、加入购物车次数以及购买次数。接下来，将同一品类中商品的查看、加入购物车以及购买次数进行合并。然后，自定义排序规则、按照各个品类中商品的查看、加入购物车和购买次数进行降序排序，获取排名前十的品类，就是热门品类 Top10。排序时，优先按照各个品类商品的查看次数降序排列，如果查看次数相同，则按照各个品类商品的加入购物车次数进行降序排列。如果查看次数和加入购车次数都相同，那么按照各品类商品的购买次数进行降序排列。最后，将同一品类中商品的查看、加入购物车和购买次数映射到自定义排序规则中进行排序处理。有关热门品类 Top10 的分析过程如图 3-1 所示。

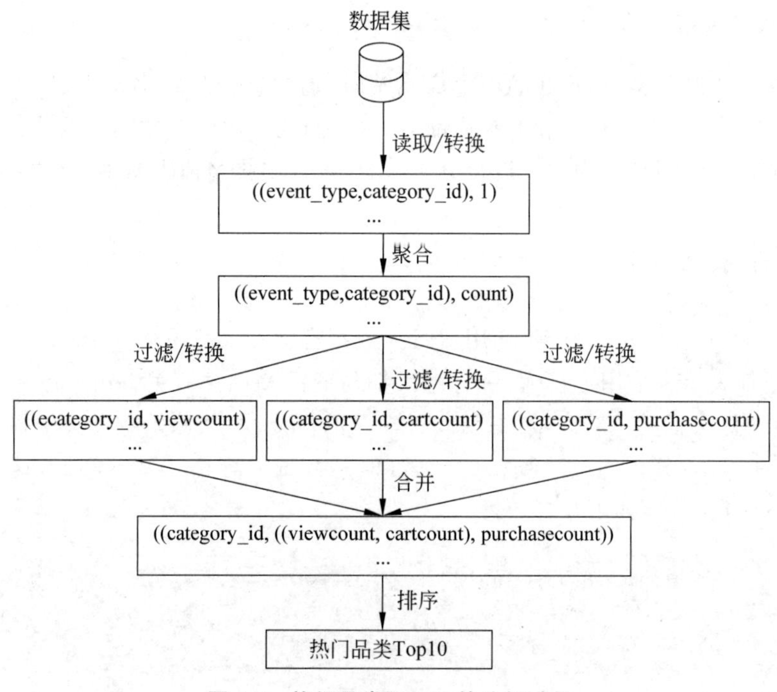

图 3-1 热门品类 Top10 的分析过程

针对图 3-1 中热门品类 Top10 的分析过程讲解如下。

- 读取/转换：读取数据集中的行为类型(event_type)和品类 ID(category_id)数据，为了便于后续聚合处理时，将相同 Key 的 Value 值进行累加，计算每个品类中不同行为出现的总次数，这里需要对输出结果的数据格式进行转换处理，将行为类型和品类 ID 作为 Key，值 1 作为 Value。

- 聚合：统计各个品类的查看、加入购物车和购买次数。
- 过滤/转换：将聚合结果进行过滤处理，并分为 3 部分数据，第一部分数据包含各个品类查看次数，第二部分数据包含各个品类加入购物车次数，第三部分包含各个品类购买次数。对过滤后的 3 部分数据进行转换处理，去除数据中的行为类型字段。此步目的是后续合并操作时，明确同一品类中不同行为类型所处位置。
- 合并：将 Key 值相同的 Value 进行合并处理，目的是将相同品类的查看次数、加入购物车次数和购买次数合并到一行。
- 排序：对每个品类中查看次数（viewcount）、加入购物车次数（cartcount）和购买次数（purchasecount）进行排序处理，在排序过程会涉及 3 类值的排序，因此这里需要使用 Spark 的二次排序，在排序操作时使用自定义排序的方式进行处理。

3.3 实现热门品类 Top10

实现热门品类 Top10 分析的程序由 Java 编程语言实现。目前，Java 的主流开发工具有两种：Eclipse 工具和 IntelliJ IDEA 工具。我们可以在这两种开发工具中编写 Java 代码来实现热门品类 Top10 分析。由于 IntelliJ IDEA 工具内置了很多优秀的插件，在智能代码助手、代码自动提示、重构、CVS 整合、代码分析等方面有着不错的表现，因此本项目将使用 IntelliJ IDEA 作为 Java 开发工具。

3.3.1 创建项目

本项目使用的 IntelliJ IDEA 版本为 2018.3，读者可通过 IntelliJ IDEA 官网下载并安装程序，关于 IntelliJ IDEA 的下载安装这里不做赘述（注意：安装 IntelliJ IDEA 之前需要安装 JDK 并在系统环境变量中配置 JDK，本项目使用的 JDK 版本为 1.8）。

Maven 便于维护和管理项目依赖，因此本项目将通过构建 Maven 现目实现相关需求。接下来，详细讲解如何在 IntelliJ IDEA 中构建 Maven 项目 SparkProject，具体步骤如下。

1. 创建 Maven 项目

打开 IntelliJ IDEA 开发工具，进入 IntelliJ IDEA 欢迎界面，具体如图 3-2 所示。

在图 3-2 中单击 Configure 右侧的下拉箭头，依次选择 Project Defaults→Project Structure 命令，配置项目使用的 JDK，如图 3-3 所示。

在图 3-3 中配置完 JDK 后，单击 OK 按钮返回 IntelliJ IDEA 欢迎界面。

单击图 3-2 中的 Create New Project 按钮创建新项目，在弹出的 New Project 窗口左侧选择 Maven，即创建 Maven 项目，如图 3-4 所示。

在图 3-4 中，单击 Next 按钮，配置 Maven 项目的组织名（GroupId）和项目工程名（ArtifactId），如图 3-5 所示。

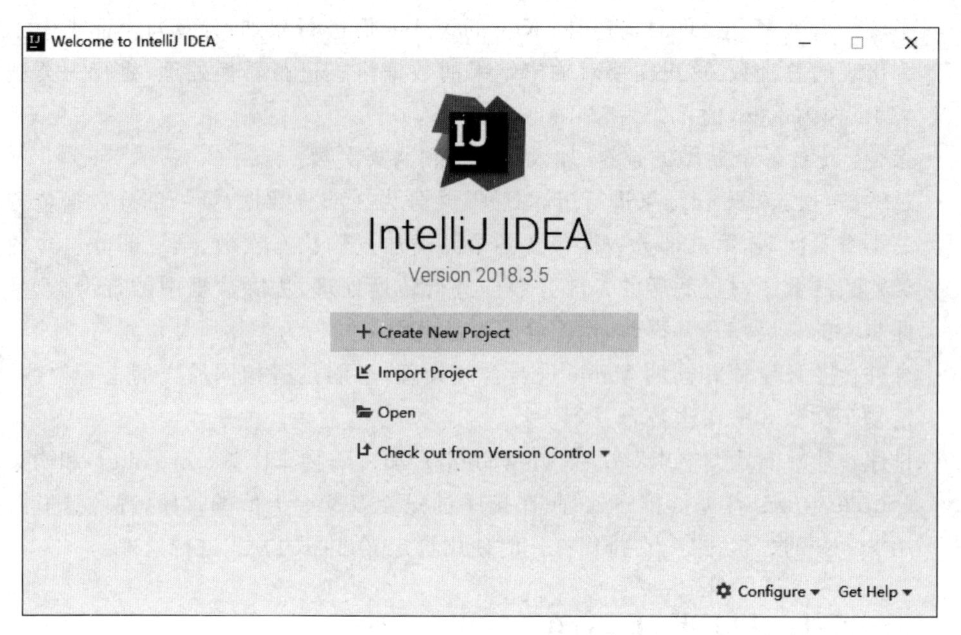

图 3-2 IntelliJ IDEA 欢迎界面

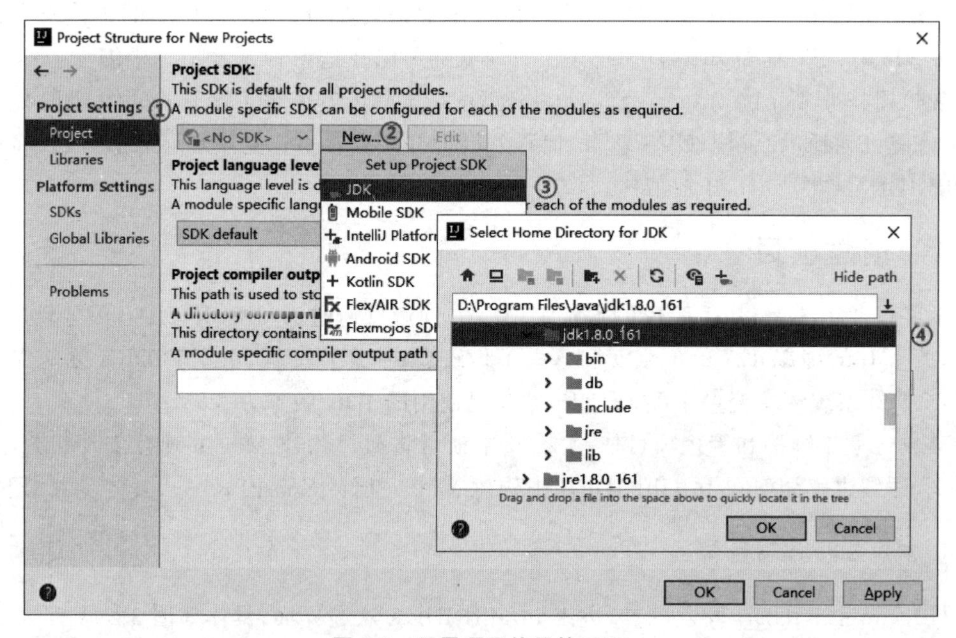

图 3-3 配置项目使用的 JDK

在图 3-5 中，单击 Next 按钮，配置项目名称（Project name）和项目本地的存放目录（Project location），如图 3-6 所示。

在图 3-6 中，单击 Finish 按钮，完成项目 SparkProject 的创建。项目 SparkProject 的初始结构如图 3-7 所示。

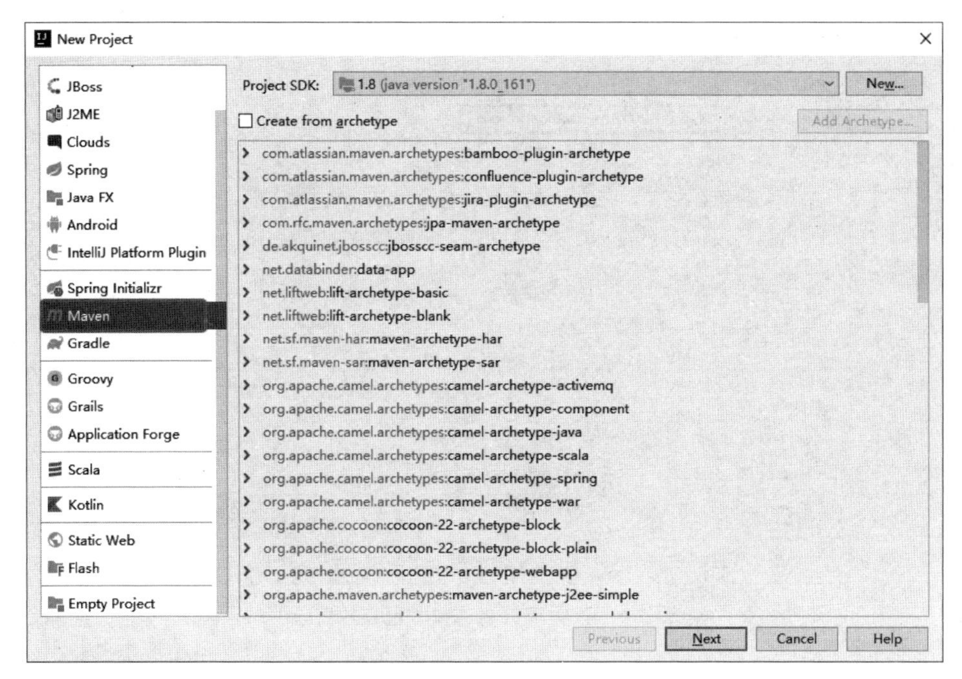

图 3-4 创建 Maven 项目

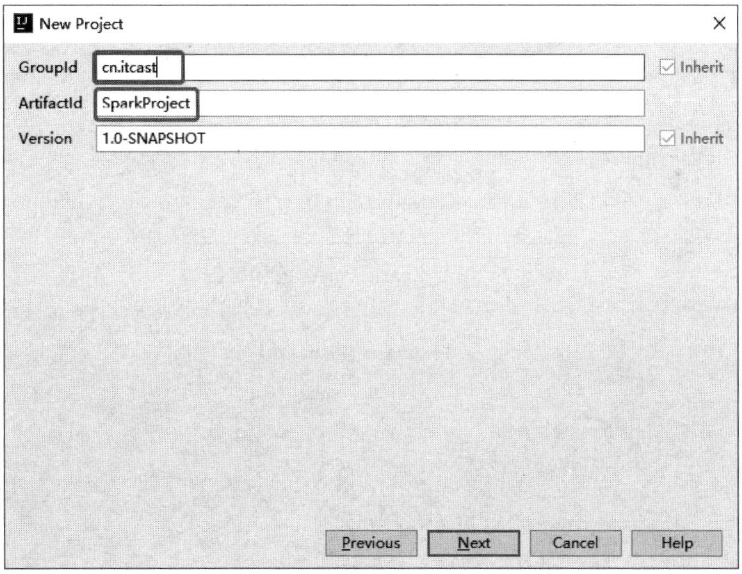

图 3-5 配置组织名和工程名

2. 导入依赖

本项目所需要的依赖包括JSON、HBase和Spark，在文件pom.xml中添加这些依赖方式，具体代码如文件3-1所示。

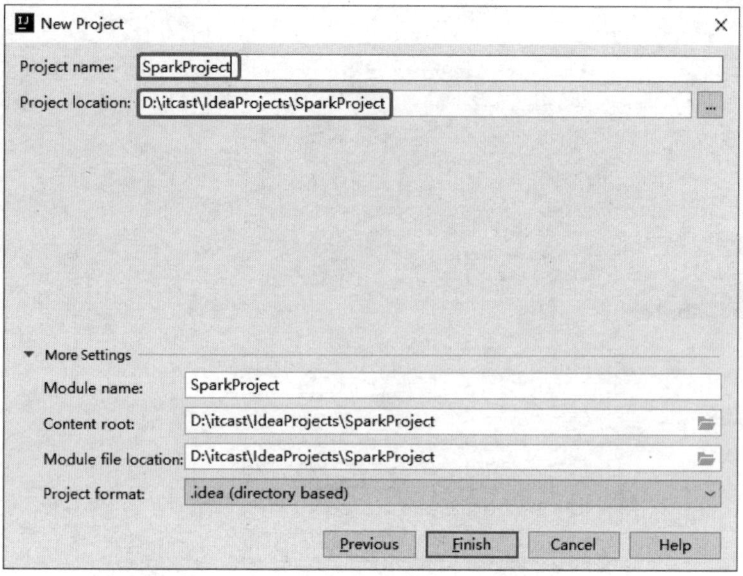

New Project

Project name: SparkProject

Project location: D:\itcast\IdeaProjects\SparkProject

More Settings

Module name: SparkProject

Content root: D:\itcast\IdeaProjects\SparkProject

Module file location: D:\itcast\IdeaProjects\SparkProject

Project format: .idea (directory based)

Previous Finish Cancel Help

图 3-6 配置项目名称和本地存放目录

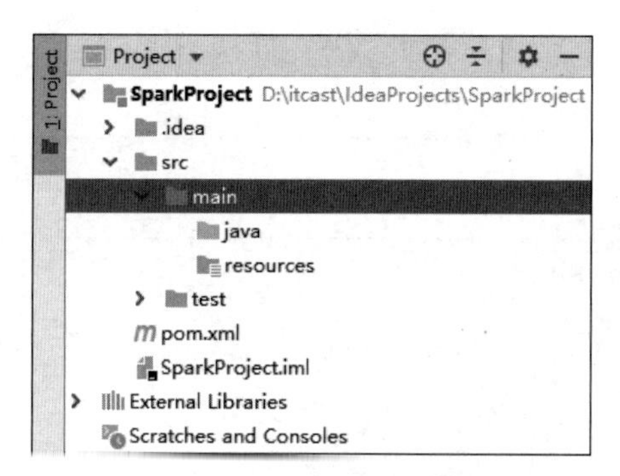

图 3-7 项目 SparkProject 的初始结构

文件 3-1 pom.xml

```
1  <dependencyManagement>
2      <dependencies>
3          <dependency>
4              <groupId>io.netty</groupId>
5              <artifactId>netty-all</artifactId>
6              <version>4.1.18.Final</version>
7          </dependency>
8      </dependencies>
9  </dependencyManagement>
10 <dependencies>
11     <!--JSON 依赖-->
12     <dependency>
13         <groupId>com.alibaba</groupId>
```

```
14            <artifactId>fastjson</artifactId>
15            <version>1.2.62</version>
16        </dependency>
17        <!--HBase依赖-->
18        <dependency>
19            <groupId>org.apache.hbase</groupId>
20            <artifactId>hbase-client</artifactId>
21            <version>1.2.1</version>
22        </dependency>
23        <dependency>
24            <groupId>org.apache.hbase</groupId>
25            <artifactId>hbase-common</artifactId>
26            <version>1.2.1</version>
27        </dependency>
28        <!--Spark依赖-->
29        <dependency>
30            <groupId>org.apache.spark</groupId>
31            <artifactId>spark-core_2.11</artifactId>
32            <version>2.3.2</version>
33            <exclusions>
34                <exclusion>
35                    <groupId>io.netty</groupId>
36                    <artifactId>netty</artifactId>
37                </exclusion>
38            </exclusions>
39        </dependency>
40    </dependencies>
41    <build>
42        <plugins>
43            <plugin>
44                <groupId>org.apache.maven.plugins</groupId>
45                <artifactId>maven-compiler-plugin</artifactId>
46                <configuration>
47                    <source>1.8</source>
48                    <target>1.8</target>
49                </configuration>
50            </plugin>
51            <plugin>
52              <artifactId>maven-assembly-plugin</artifactId>
53              <configuration>
54                 <appendAssemblyId>false</appendAssemblyId>
55                 <descriptorRefs>
56                    <descriptorRef>jar-with-dependencies</descriptorRef>
57                 </descriptorRefs>
58                 <archive>
59                     <manifest>
60                         <!--此处指定main方法入口的class -->
61                   <mainClass>cn.itcast.top10.CategoryTop10</mainClass>
62                     </manifest>
63                 </archive>
```

```
64                    </configuration>
65                    <executions>
66                        <execution>
67                            <id>make-assembly</id>
68                            <phase>package</phase>
69                            <goals>
70                                <goal>assembly</goal>
71                             </goals>
72                        </execution>
73                    </executions>
74                </plugin>
75          </plugins>
76      </build>
```

文件 3-1 中：第 1～9 行代码主要是对项目中 Netty 依赖进行多版本管理，避免本地运行出现多个版本的 Netty，导致程序出现 NoSuchMethodError 异常；第 12～16 行代码引入 JSON 依赖，用于解析 JSON 数据；第 18～27 行代码引入 HBase 依赖，用于操作 HBase 数据库；第 29～39 行代码引入 Spark 依赖，用于开发 Spark 数据分析程序；第 43～50 行代码指定 Maven 编译的 JDK 版本，如果不指定，Maven 3 默认用 JDK 1.5，Maven 2 默认用 JDK 1.3；第 51～74 行代码配置程序打包方式并指定程序主类。

3. 创建项目目录

在项目 SparkProject 中右击 java 目录，在弹出的快捷菜单中依次选择 New→Package，从而新建 Package 包，具体如图 3-8 所示。

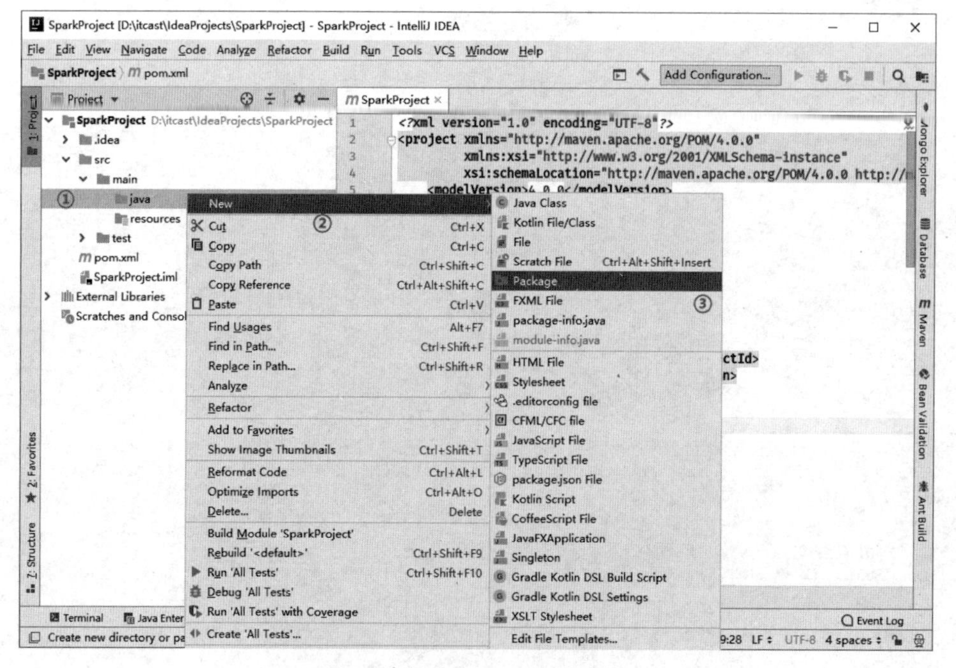

图 3-8　新建 Package 包的步骤

通过如图 3-8 所示的操作后，会弹出 New Package 对话框，在文本输入框 Enter new package name 中输入 cn.itcast.top10 设置 Package 名称，用于存放实现热门品类 Top10 分析的 Java 文件，如图 3-9 所示。

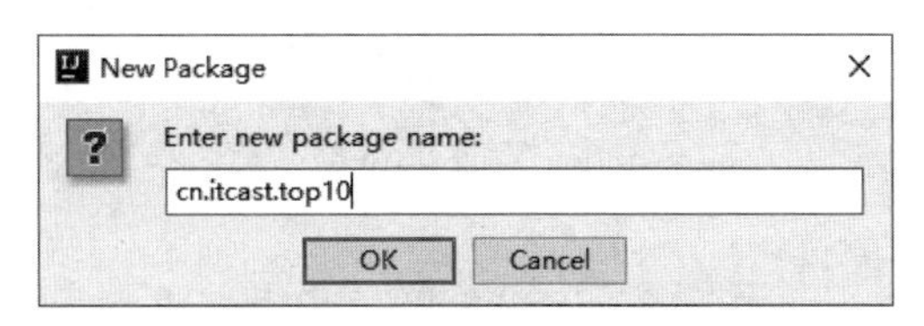

图 3-9　设置 Package 名称

在图 3-9 中单击 OK 按钮完成 Package 包的创建。

4. 创建程序主类

右击包 cn.itcast.top10，在弹出的快捷菜单中依次选择 New→Java Class 新建 Java 类，具体如图 3-10 所示。

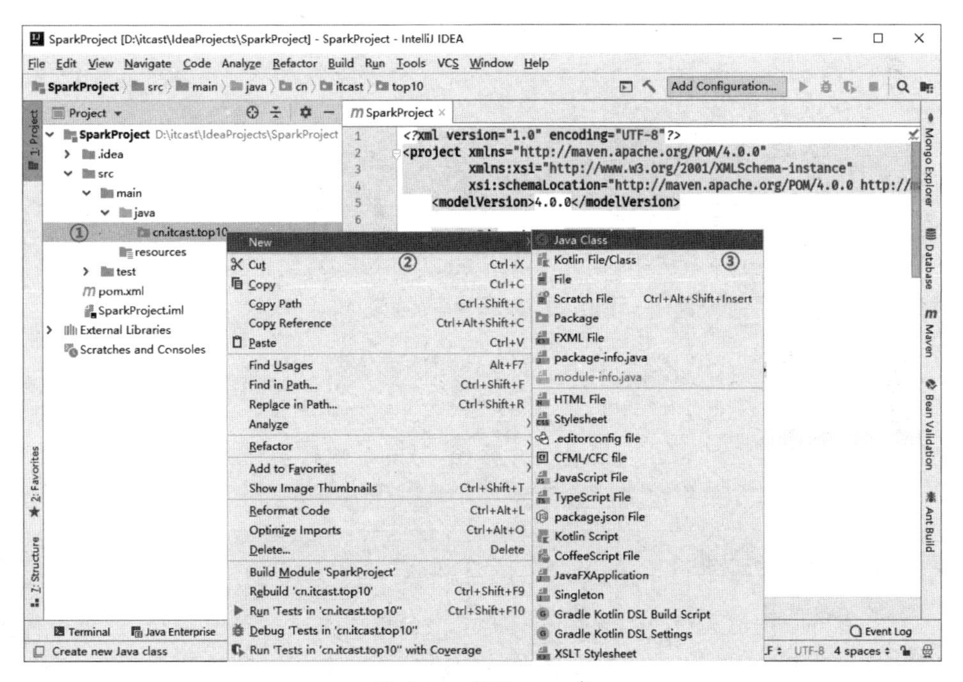

图 3-10　新建 Java 类

通过如图 3-10 所示的操作后，会弹出 Create New Class 对话框，在文本框 Name 中输入 CategoryTop10 设置类名称，在类中实现热门品类 Top10 分析，具体如图 3-11 所示。

3.3.2　创建 Spark 连接并读取数据集

在类 CategoryTop10 中定义 main()方法，该方法是 Java 程序执行的入口，在 main()方法中实现 Spark 程序，具体代码如文件 3-2 所示。

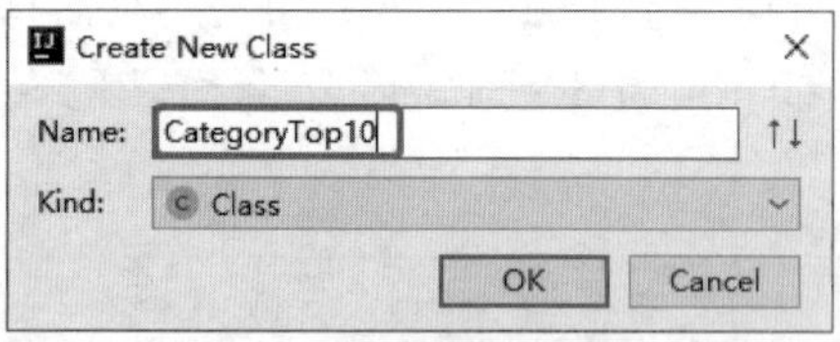

图 3-11 设置 Java 类名称

文件 3-2 CategoryTop10.java

```
1    public class CategoryTop10{
2        public static void main(String[] arg){
3        //实现热门品类 Top10 分析
4        }
5    }
```

在文件 3-2 的 main()方法中，创建 JavaSparkContext 和 SparkConf 对象，JavaSparkContext 对象用于实现 Spark 程序，SparkConf 对象用于配置 Spark 程序相关参数，具体代码如下。

```
1    SparkConf conf =new SparkConf();
2    //设置 Application 名称为 top10_category
3    conf.setAppName("top10_category");
4    JavaSparkContext sc =new JavaSparkContext(conf);
```

在文件 3-2 的 main()方法中，调用 JavaSparkContext 对象的 textFile()方法读取外部文件，将文件中的数据加载到 textFileRDD，具体代码如下。

```
JavaRDD<String> textFileRDD =sc.textFile(arg[0]);
```

上述代码中，通过变量 arg[0]指定文件路径，目的是执行提交 Spark 程序到 YARN 集群运行的命令中，通过参数指定文件路径。

3.3.3 获取业务数据

在文件 3-2 的 main()方法中，使用 mapToPair()算子转换 textFileRDD 的每一行数据，用于获取每一行数据中的行为类型和品类 ID 数据，将转换结果加载到 transformRDD，具体代码如下。

```
1    JavaPairRDD<Tuple2<String,String>,Integer> transformRDD =textFileRDD
2            .mapToPair(
3                    new PairFunction<
4                            String,
5                            Tuple2<String, String>, Integer>() {
6        @Override
7        public Tuple2<Tuple2<String, String>, Integer> call(String s)
8                throws Exception {
```

```
9             //将数据转换为 JSON 对象
10            JSONObject json =JSONObject.parseObject(s);
11            String category_id =json.getString("category_id");
12            String event_type =json.getString("event_type");
13            return new Tuple2<>(
14                    new Tuple2<>(category_id,event_type),
15                    new Integer(1));
16        }
17    });
```

上述代码中,首先将 textFileRDD 中的每一行数据转换为 JSON 对象;然后获取 JSON 对象中的 category_id(品类 ID)和 event_type(行为类型);最后将 category_id、event_type 和值 1 添加到 Tuple2 对象中。

3.3.4 统计品类的行为类型

在文件 3-2 的 main()方法中,使用 reduceByKey()算子对 transformRDD 进行聚合操作,用于统计每个品类中商品被查看、加入购物车和购买的次数,将统计结果加载到 aggregationRDD,具体代码如下。

```
1    JavaPairRDD<Tuple2<String, String>, Integer> aggregationRDD =
2            transformRDD.reduceByKey(
3                    new Function2<Integer, Integer, Integer>() {
4        @Override
5        public Integer call(Integer integer1, Integer integer2)
6                throws Exception {
7            return integer1 +integer2;
8        }
9    });
```

3.3.5 过滤品类的行为类型

在文件 3-2 的 main()方法中,首先使用 filter()算子过滤 aggregationRDD 每一行数据中行为类型为加入购物车和购买的数据,只保留行为类型为查看的数据,然后使用 mapToPair()算子对过滤结果进行转换,获取每一行数据中品类被查看次数和品类 ID 数据,最终将转换结果加载到 getViewCategoryRDD,具体代码如下。

```
1    JavaPairRDD<String,Integer> getViewCategoryRDD =aggregationRDD
2        .filter(new Function<Tuple2<Tuple2<String, String>, Integer>
3                                , Boolean>() {
4            @Override
5            public Boolean call(Tuple2<Tuple2<String, String>
6                    , Integer> tuple2) throws Exception {
7                //获取行为类型
8                String action =tuple2._1._2;
9                return action.equals("view");
10           }
```

```
11          }).mapToPair(
12                  new PairFunction<Tuple2<Tuple2<String, String>
13                          , Integer>, String, Integer>() {
14                      @Override
15                      public Tuple2<String, Integer>
16                      call(Tuple2<Tuple2<String, String>, Integer> tuple2)
17                              throws Exception {
18                          return new Tuple2<>(tuple2._1._1,tuple2._2);
19                      }
20                  });
```

上述代码中,第 9 行通过 equals()方法判断获取的行为类型是否为 view(查看)并将判断结果作为返回值,若返回值为 True,则进行后续转换操作。

在文件 3-2 的 main()方法中,首先使用 filter()算子过滤 aggregationRDD 每一行数据中行为类型为查看和购买的数据,只保留行为类型为加入购物车的数据,然后使用 mapToPair()算子对过滤结果进行转换,获取每一行数据中品类被加入购物车的次数和品类 ID 数据,最终将转换结果加载到 getCartCategoryRDD,具体代码如下。

```
1   JavaPairRDD<String,Integer> getCartCategoryRDD =aggregationRDD
2           .filter(new Function<Tuple2<Tuple2<String, String>, Integer>
3                   , Boolean>() {
4               @Override
5               public Boolean call(Tuple2<Tuple2<String, String>
6                       , Integer> tuple2) throws Exception {
7                   String action =tuple2._1._2;
8                   return action.equals("cart");
9               }
10          }).mapToPair(new PairFunction<Tuple2<Tuple2<String, String>
11                  , Integer>, String, Integer>() {
12              @Override
13              public Tuple2<String, Integer>
14              call(Tuple2<Tuple2<String, String>, Integer> tuple2)
15                      throws Exception {
16                  return new Tuple2<>(tuple2._1._1,tuple2._2);
17              }
18          });
```

上述代码中,第 8 行通过 equals()方法判断获取的行为类型是否为 cart(加入购物车)并将判断结果作为返回值,若返回值为 True,则进行后续转换操作。

在文件 3-2 的 main()方法中,首先使用 filter()算子过滤 aggregationRDD 每一行数据中行为类型为查看和加入购物车的数据,只保留行为类型为购买的数据,然后使用 mapToPair()算子对过滤结果进行转换,获取每一行数据中品类被购买次数和品类 ID 数据,最终将转换结果加载到 getPurchaseCategoryRDD,具体代码如下。

```
1   JavaPairRDD<String,Integer> getPurchaseCategoryRDD =aggregationRDD
2       .filter(new Function<Tuple2<Tuple2<String, String>, Integer>
3               , Boolean>() {
4           @Override
5           public Boolean call(Tuple2<Tuple2<String, String>
6                   , Integer> tuple2) throws Exception {
7               String action =tuple2._1._2;
8               return action.equals("purchase");
9           }
10      }).mapToPair(new PairFunction<Tuple2<Tuple2<String, String>
11              , Integer>, String, Integer>() {
12          @Override
13          public Tuple2<String, Integer>
14          call(Tuple2<Tuple2<String, String>, Integer> tuple2)
15                  throws Exception {
16              return new Tuple2<>(tuple2._1._1,tuple2._2);
17          }
18      });
```

上述代码中,第8行通过equals()方法判断获取的行为类型是否为purchase(购买)并将判断结果作为返回值,若返回值为True,则进行后续转换操作。

3.3.6 合并相同品类的行为类型

在文件3-2的main()方法中,使用leftOuterJoin()(左外连接)算子合并getViewCategoryRDD、getCartCategoryRDD和getPurchaseCategoryRDD,用于合并同一品类的查看次数、加入购物车次数和购买次数,将合并结果加载到joinCategoryRDD,具体代码如下。

```
1   JavaPairRDD<String,Tuple2<Integer, Optional<Integer>>>
2           tmpJoinCategoryRDD =getViewCategoryRDD
3           .leftOuterJoin(getCartCategoryRDD);
4   JavaPairRDD<String,
5           Tuple2<Tuple2<Integer, Optional<Integer>>,
6                   Optional<Integer>>> joinCategoryRDD =
7           tmpJoinCategoryRDD.leftOuterJoin(getPurchaseCategoryRDD);
```

上述代码中,首先通过leftOuterJoin()算子合并getViewCategoryRDD和getCartCategoryRDD,将合并结果加载到tmpJoinCategoryRDD,然后通过leftOuterJoin()算子合并tmpJoinCategoryRDD和getPurchaseCategoryRDD,将合并结果加载到joinCategoryRDD。

Optional类是一个包含有可选值的包装类,它既可以含有对象也可以为空,主要为了解决空指针异常的问题,因为某些品类中的商品可能被查看但并未被购买或加入购物车。

3.3.7 根据品类的行为类型进行排序

在包cn.itcast.top10中创建文件CategorySortKey.java,用于实现自定义排序。在类CategorySortKey中继承比较器接口Comparable和序列化接口Serializable,并实现

Comparable 接口的 compareTo()方法，具体代码如文件 3-3 所示。

文件 3-3 CategorySortKey.java

```
1    import java.io.Serializable;
2    public class CategorySortKey implements Comparable<CategorySortKey>
3            ,Serializable{
4        //查看次数
5        private int viewCount;
6        //加入购物车次数
7        private int cartCount;
8        //购买次数
9        private int purchaseCount;
10       //定义类的构造方法
11       public CategorySortKey(
12               int viewcount,
13               int cartCount,
14               int purchaseCount)
15       {
16           this.viewCount =viewcount;
17           this.cartCount =cartCount;
18           this.purchaseCount =purchaseCount;
19       }
20      //定义属性的 getter 和 setter 方法
21       ⋮
22       @Override
23       public int compareTo(CategorySortKey other) {
24           if(viewCount -other.getViewCount() !=0) {
25               return (int) (viewCount -other.getViewCount());
26           } else if(cartCount -other.getCartCount() !=0) {
27               return (int) (cartCount -other.getCartCount());
28           } else if(purchaseCount -other.getPurchaseCount() !=0) {
29               return (int) (purchaseCount -other.getPurchaseCount());
30           }
31           return 0;
32       }
33   }
```

在文件 3-3 中，第 22～32 行代码，重写接口 Comparable 的 compareTo()方法，在方法内部实现对象的比较，比较的规则为返回值等于 0 表示相等；返回值小于 0 表示小于；返回值大于 0 表示大于。比较的优先级按照 viewCount、cartCount 和 purchaseCount 的顺序。

在文件 3-2 的 main()方法中，使用 mapTopair()算子转换 joinCategoryRDD，将 joinCategoryRDD 中品类被查看次数、加入购物车次数和购买次数映射到自定义排序类 CategorySortKey，通过 transCategoryRDD 加载转换结果，具体代码如下。

```
1    JavaPairRDD<CategorySortKey,String> transCategoryRDD =joinCategoryRDD
2        .mapToPair(new PairFunction<Tuple2<String,
3         Tuple2<Tuple2<Integer, Optional<Integer>>,Optional<Integer>>>,
```

```
4       CategorySortKey,String>() {
5       @Override
6       public Tuple2<CategorySortKey,String> call(Tuple2<String,
7               Tuple2<Tuple2<Integer, Optional<Integer>>,
8               Optional<Integer>>> tuple2) throws Exception {
9                   String category_id =tuple2._1;
10                  int viewcount =tuple2._2._1._1;
11                  int cartcount =0;
12                  int purchasecount =0;
13                  //判断品类被加入购物车次数是否为空
14                  if (tuple2._2._1._2.isPresent()){
15                      cartcount =tuple2._2._1._2.get().intValue();
16                  }
17                  //判断品类被购买次数是否为空
18                  if (tuple2._2._2.isPresent()){
19                      purchasecount =tuple2._2._2.get().intValue();
20                  }
21                  /*将 viewcount、cartcount 和 purchasecount 映射到
22                  类 CategorySortKey 的构造方法中*/
23                  CategorySortKey sortKey =
24          new CategorySortKey(viewcount, cartcount, purchasecount);
25                  return new Tuple2<>(sortKey,category_id);
26              }
27          });
```

上述代码中的 isPresent()方法用于判断 Optional 类型的数据是否为空,若值为空则通过 get()方法获取值,并通过 intValue()方法指定获取的值为 Int 类型。

在文件 3-2 的 main()方法中,通过 sortByKey()算子对 transCategoryRDD 进行排序操作,使 transCategoryRDD 中品类被查看次数、加入购物车次数和购买次数根据自定义排序类 CategorySortKey 指定的排序规则进行排序,将排序结果加载到 sortedCategoryRDD,具体代码如下。

```
JavaPairRDD<CategorySortKey,String> sortedCategoryRDD =
                transCategoryRDD.sortByKey(false);
```

上述代码中,sortByKey()算子的参数为 false,表示使用自定义排序类的比较方式进行排序。

在文件 3-2 的 main()方法中,使用 take()算子获取 sortedCategoryRDD 前 10 个元素,即热门品类 Top10 分析结果,将分析结果加载到 top10CategoryList,具体代码如下。

```
List<Tuple2<CategorySortKey, String>> top10CategoryList =
            sortedCategoryRDD.take(10);
```

上述代码中,take()算子的参数为 10,表示获取 sortedCategoryRDD 前 10 个元素。

3.3.8　数据持久化

本项目使用 HBase 数据库作为数据持久化工具,HBase 分布式数据库通过 HDFS 和

ZooKeeper 实现数据的高可用和冗余,从而确保数据库和数据的安全性。接下来,分步骤讲解如何将热门品类 Top10 分析结果持久化到 HBase 数据库中。

1. 封装 HBase 工具类

为了避免后续环节重复编写数据库连接和数据库操作的相关代码,这里将 HBase 数据库连接工具类和 HBase 数据库操作工具类进行封装,具体实现步骤如下。

(1) 在项目 SparkProject 的 java 目录新建 Package 包 cn.itcast.hbase,用于存放实现数据持久化的 Java 文件。在包 cn.itcast.hbase 下创建文件 HbaseConnect.java,用于实现封装 HBase 数据库连接工具类,具体代码如文件 3-4 所示。

文件 3-4 HbaseConnect.java

```
1    import org.apache.hadoop.conf.Configuration;
2    import org.apache.hadoop.hbase.HBaseConfiguration;
3    import org.apache.hadoop.hbase.MasterNotRunningException;
4    import org.apache.hadoop.hbase.ZooKeeperConnectionException;
5    import org.apache.hadoop.hbase.client.Connection;
6    import org.apache.hadoop.hbase.client.ConnectionFactory;
7    import org.apache.hadoop.hbase.client.HBaseAdmin;
8    import java.io.IOException;
9    public class HbaseConnect {
10       public static Configuration conf;
11       public static Connection conn;
12       public static HBaseAdmin hbaseAdmin;
13       static {
14           //创建 HBase 配置信息
15           conf =HBaseConfiguration.create();
16           //配置 ZooKeeper 集群地址
17           conf.set("hbase.zookeeper.quorum", "spark01,spark02,spark03");
18           //配置 ZooKeeper 端口号
19           conf.set("hbase.zookeeper.property.clientPort", "2181");
20           try {
21               //通过 HBase 配置获取 HBase 数据库连接对象
22               conn =ConnectionFactory.createConnection(conf);
23           } catch (IOException e) {
24               e.printStackTrace();
25           }
26       }
27       public static HBaseAdmin getHBaseAdmin() throws IOException{
28           try {
29               //获取 HBase 数据库操作对象
30               hbaseAdmin = (HBaseAdmin) (conn.getAdmin());
31           } catch (MasterNotRunningException e) {
32               e.printStackTrace();
33           } catch (ZooKeeperConnectionException e) {
34               e.printStackTrace();
35           }
36           return hbaseAdmin;
```

```
37        }
38        public static Connection getConnection(){
39            return conn;
40        }
41        public static synchronized void closeConnection(){
42            if(conn!=null){
43                try {
44                    conn.close();
45                } catch (IOException e) {
46                    e.printStackTrace();
47                }
48            }
49        }
50    }
```

在文件 3-3 中,第 38～40 行代码创建返回值类型为 Connection 的方法 getConnection(),用于获取 HBase 数据库连接;第 41～49 行代码创建方法 closeConnection(),用于关闭 HBase 数据库连接。

需要注意的是,若运行项目 SparkProject 的环境中未配置 IP 映射,则需要在配置 ZooKeeper 集群地址时使用 IP 地址而不是主机名。

(2) 在项目 SparkProject 的包 cn.itcast.hbase 下创建文件 HbaseUtils.java,用于实现封装 HBase 数据库操作工具类,具体代码如文件 3-5 所示。

文件 3-5　HbaseUtils.java

```
1    import org.apache.hadoop.hbase.HColumnDescriptor;
2    import org.apache.hadoop.hbase.HTableDescriptor;
3    import org.apache.hadoop.hbase.TableName;
4    import org.apache.hadoop.hbase.client.HBaseAdmin;
5    import org.apache.hadoop.hbase.client.Put;
6    import org.apache.hadoop.hbase.client.Table;
7    import org.apache.hadoop.hbase.util.Bytes;
8    import java.io.IOException;
9    public class HbaseUtils {
10       public static void createTable(String tableName,
11                                      String... columFamilys)
12               throws IOException {
13           //获取 HBase 数据表操作对象
14           HBaseAdmin admin =HbaseConnect.getHBaseAdmin();
15           //判断表是否存在
16           if (admin.tableExists(tableName)){
17               //关闭表
18               admin.disableTable(tableName);
19               //删除表
20               admin.deleteTable(tableName);
21           }
22           //HTableDescriptor 类包含了表的名字以及表的列族信息
```

```
23            HTableDescriptor hd
24                    =new HTableDescriptor(TableName.valueOf(tableName));
25            for (String cf : columFamilys) {
26                hd.addFamily(new HColumnDescriptor(cf));
27            }
28            //通过 createTable()方法创建 HBase 数据表
29            admin.createTable(hd);
30            admin.close();
31        }
32        public static void putsToHBase(String tableName,
33                                        String rowkey,
34                                        String cf,
35                                        String[] column,
36                                        String[] value)
37                throws Exception {
38            //获取指定 HBase 数据表的操作对象
39            Table table =HbaseConnect
40                    .getConnection()
41                    .getTable(TableName.valueOf(tableName));
42            //通过 Put 对象存储插入数据表的内容
43            Put puts =new Put(rowkey.getBytes());
44            for (int i =0;i<column.length;i++){
45                puts.addColumn(
46                        Bytes.toBytes(cf),
47                        Bytes.toBytes(column[i]),
48                        Bytes.toBytes(value[i]));
49            }
50            //向指定数据表中插入数据
51            table.put(puts);
52            table.close();
53        }
54    }
```

在文件 3-5 中，第 10～31 行代码定义方法 createTable()，用于创建 HBase 数据表。方法 createTable()包含参数 tableName 和 columFamilys，其中参数 tableName 表示数据表名称，参数 columFamilys 表示列族；第 32～53 行代码定义方法 putsToHBase()，用于向指定 HBase 数据表中插入数据。方法 putsToHBase()包含参数 tableName、rowkey、cf、column 和 value，其中参数 tableName 表示数据表名称，参数 rowkey 表示行键，参数 cf 表示列族，参数 column 表示行，参数 value 表示值。

2. 持久化热门品类 Top10 分析结果

在文件 3-2 的类 CategoryTop10 中添加方法 top10ToHbase()，用于将热门品类 Top10 分析结果持久化到 HBase 数据库中，该方法包含参数 top10CategoryList，表示热门品类 Top10 分析结果数据，具体代码如下。

```
1    public static void top10ToHbase(List<Tuple2<CategorySortKey, String>>
2                                    top10CategoryList) throws Exception
3    {
4        //创建数据表 top10 和列族 top10_category
5        HbaseUtils.createTable("top10","top10_category");
6        //创建数组 column,用于存储数据表 top10 的列名
7        String[] column =
8                {"category_id","viewcount","cartcount","purchasecount"};
9        String viewcount ="";
10       String cartcount ="";
11       String purchasecount ="";
12       String category_id ="";
13       int count =0;
14       //遍历集合 top10CategoryList
15       for (Tuple2<CategorySortKey, String> top10: top10CategoryList) {
16           count++;
17           //获取查看次数
18           viewcount =String.valueOf(top10._1.getViewCount());
19           //获取加入购物车次数
20           cartcount =String.valueOf(top10._1.getCartCount());
21           //获取购买次数
22           purchasecount =String.valueOf(top10._1.getPurchaseCount());
23           //获取品类 ID
24           category_id =top10._2;
25           //创建数组 value,用于存储数据表 top10 的值
26           String[] value =
27                   {category_id,viewcount,cartcount,purchasecount};
28           HbaseUtils.putsToHBase("top10",
29                   "rowkey_top"+count,
30                   "top10_category",
31                   column,
32                   value);
33       }
34   }
```

上述代码中，第28～32行，调用HBase数据库操作工具类的putToHBase()方法，用于持久化热门品类Top10数据。putToHBase()方法包含5个参数：其中第1个参数为字符串top10，表示数据表名称；第2个参数为字符串对象count和字符串rowkey_top，表示数据表的行键；第3个参数为字符串top10_category，表示数据表的列族；第4个参数为数组column，数组中的每一个元素表示数据表的列名；第5个参数为数组value，数组中的每一个元素表示数据表的值。

在文件3-2的main()方法中，调用方法top10ToHbase()并传入参数top10CategoryList，用于在Spark程序中实现top10ToHbase()方法，将热门品类Top10分析结果持久化到HBase数据库中的数据表top10，具体代码如下。

```
1   //通过 try…catch 抛出异常
2   try {
3       top10ToHbase(top10CategoryList);
4   } catch (Exception e) {
5       e.printStackTrace();
6   }
7   //关闭 HBase 数据库连接
8   HbaseConnect.closeConnection();
9   //关闭 JavaSparkContext 连接
10  sc.close();
```

3.4　运行程序

热门品类 Top10 分析程序编写完成后，需要在 IntelliJ IDEA 中将程序封装成 jar 包，并上传到集群环境中，通过 spark-submit 将程序提交到 YARN 中运行，具体步骤如下。

1. 封装 jar 包

在 IntelliJ IDEA 主界面单击右侧 Maven 选项卡打开 Maven 窗口，如图 3-12 和图 3-13 所示。

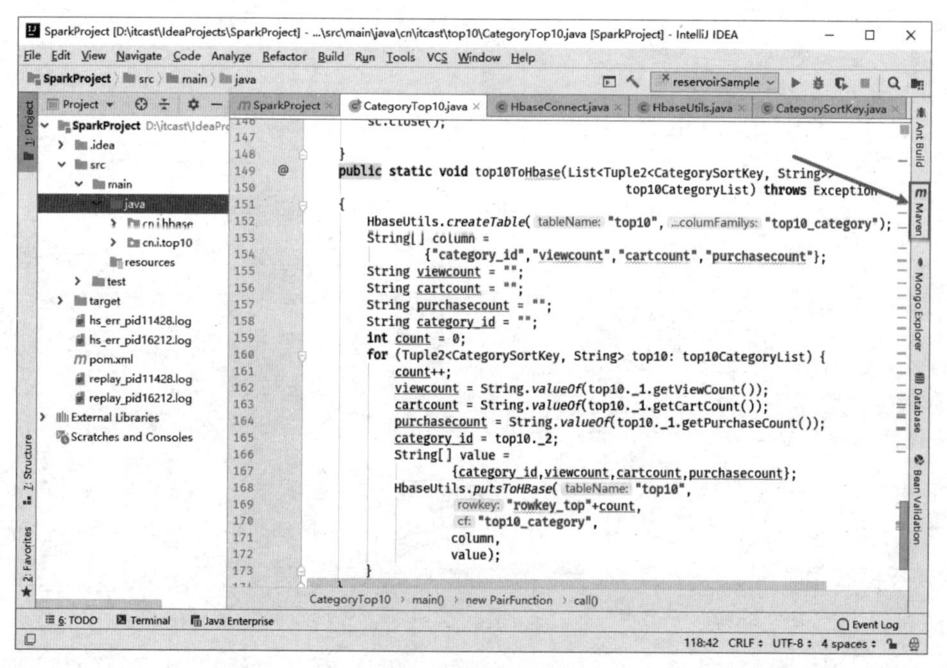

图 3-12　Maven 选项卡

在 Maven 窗口单击，展开 Lifecycle 目录，如图 3-14 所示。

双击 Lifecycle 目录中的 package 选项，IntelliJ IDEA 会自动将程序封装成 jar 包，封装完成后，若出现 BUILD SUCCESS 内容，则证明成功封装热门品类 Top10 分析程序为 jar

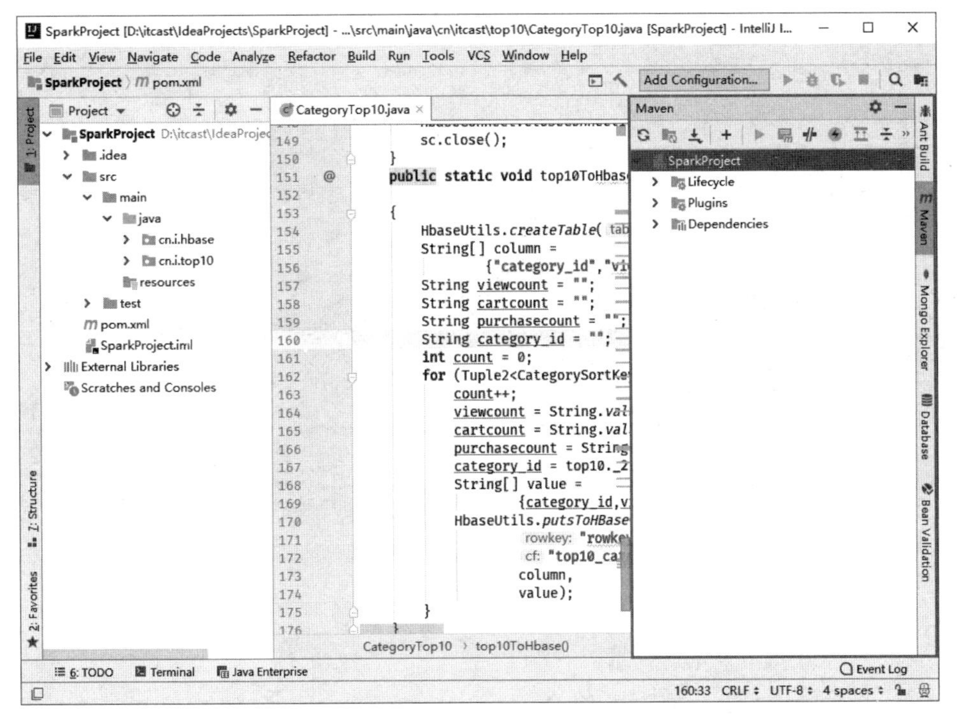

图 3-13　Maven 窗口

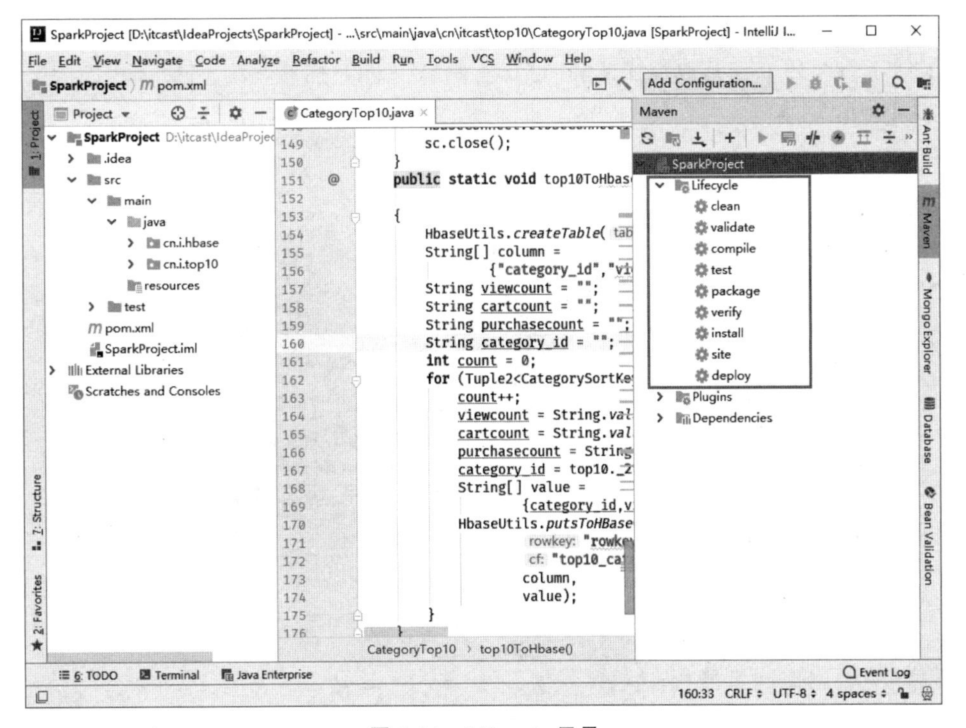

图 3-14　Lifecycle 目录

包，如图 3-15 所示。

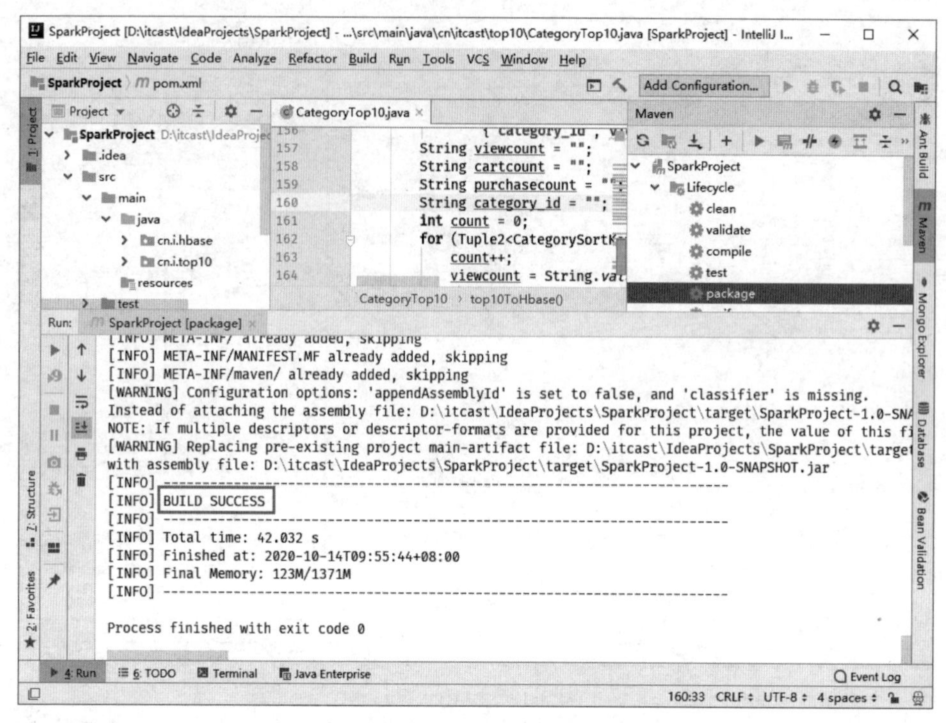

图 3-15　封装热门品类 Top10 分析程序为 jar 包

在项目 SparkProject 中的 target 目录下会生成 SparkProject-1.0-SNAPSHOT.jar 文件，为了便于后续环节与其他程序区分，这里将默认文件名称修改为 CategoryTop10.jar，具体如图 3-16 所示。

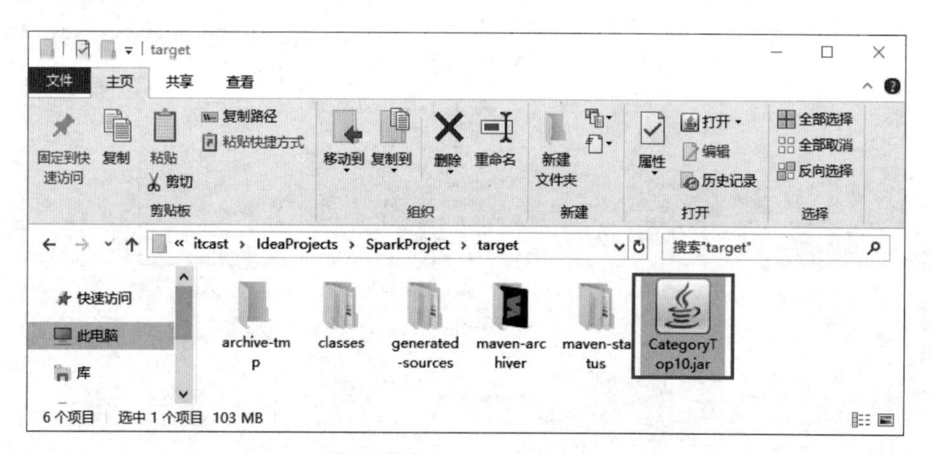

图 3-16　CategoryTop10.jar

2. 将 jar 包上传到集群

使用远程连接工具 SecureCRT 连接虚拟机 Spark01，在存放 jar 文件的目录/export/SparkJar/(该目录需提前创建)下执行 rz 命令，上传热门品类 Top10 分析程序的 jar 包

CategoryTop10.jar。

3. 将数据集上传到HDFS

使用远程连接工具SecureCRT连接虚拟机Spark01，在存放数据文件的目录/export/data/SparkData/（该目录需提前创建）下执行rz命令，上传数据集user_session.txt。

将数据集上传到HDFS前，需要在HDFS的根目录创建目录spark_data，用于存放数据集user_session.txt，具体命令如下（注意：在执行HDFS操作之前，应确保启动Hadoop高可用集群）。

```
$ hdfs dfs -mkdir /spark_data
```

将目录/export/data/SparkData/下的数据集user_session.txt上传到HDFS的spark_data目录下，具体命令如下。

```
$ hdfs dfs -put /export/data/SparkData/user_session.txt /spark_data
```

4. 提交热门品类Top10分析程序到YARN集群

通过Spark安装目录中bin目录下的shell脚本文件spark-submit提交热门品类Top10分析程序到Hadoop集群的YARN运行，具体命令如下。

```
$ spark-submit \
--master yarn \
--deploy-mode cluster \
--num-executors 3 \
--executor-memory 2G \
--class cn.itcast.top10.CategoryTop10 \
/export/SparkJar/CategoryTop10.jar /spark_data/user_session.txt
```

针对上述命令的参数讲解如下。

- master指定Spark任务的运行方式，参数值包括yarn、local和spark://host:port等。
- deploy-mode指定Spark On YARN的运行模式，参数值包括cluster和client。
- num-executors指定启动的Executor数量，默认为3，该参数在YARN模式下使用。
- executor-memory指定每个Executor的内存为2GB。
- class指定应用程序的主类，仅针对Java或Scala应用程序。

注意：执行上述命令前需要启动集群中的HBase数据库。

5. 查看程序运行状态

程序运行时在控制台会生成Application ID（程序运行时的唯一ID），在浏览器输入192.168.121.132:8088，进入YARN的Web UI，通过对应Application ID查看程序的运行状态，当程序运行完成后State为FINISHED，并且FinalStatus为SUCCEES，则证明程序运行成功，如图 3-17 所示。

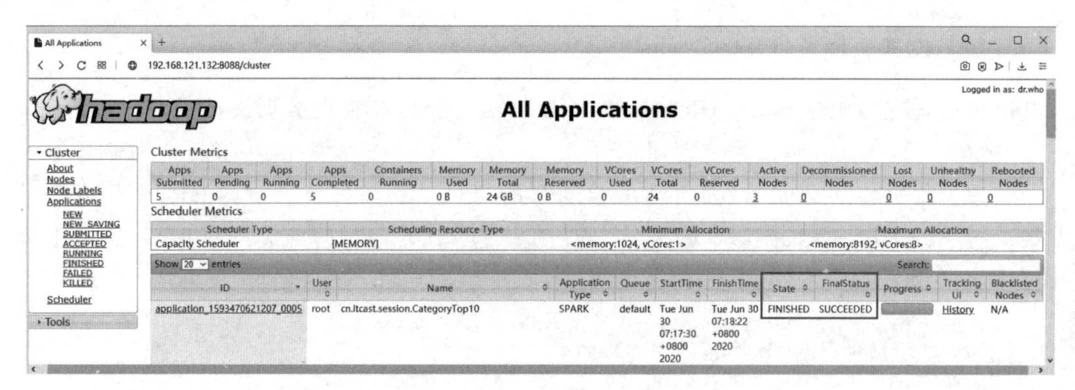

图 3-17 YARN 的 Web UI

6. 查看程序运行结果

在虚拟机 Spark01 执行 hbase shell 命令，进入 HBase 命令行工具，如图 3-18 所示。

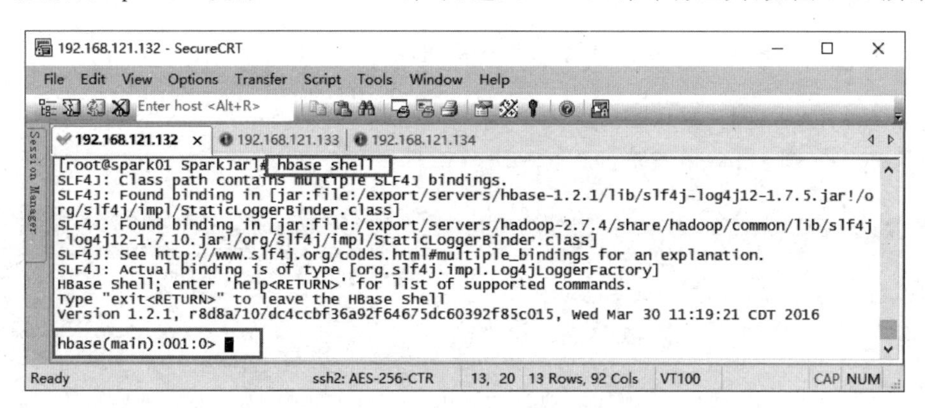

图 3-18 HBase 命令行工具

在 HBase 命令行工具中执行 list 命令，查看 HBase 数据库中的所有数据表，具体命令如下。

```
> list
TABLE
test
top10
2 row(s) in 0.1810 seconds
```

从上述返回结果可以看出，HBase 数据库中包含两个数据表，即数据表 test 和 top10，其中数据表 top10 存储的是热门品类 Top10 分析结果数据。

在 HBase 命令行工具执行 scan 'top10'命令，查询数据表 top10 中的数据，如图 3-19 所示。

从图 3-19 可以看出，数据表 top10 中出现了热门品类 Top10 分析结果数据，因此说明已成功将热门品类 Top10 分析的结果数据持久化到 HBase 数据库的数据表 top10 中。

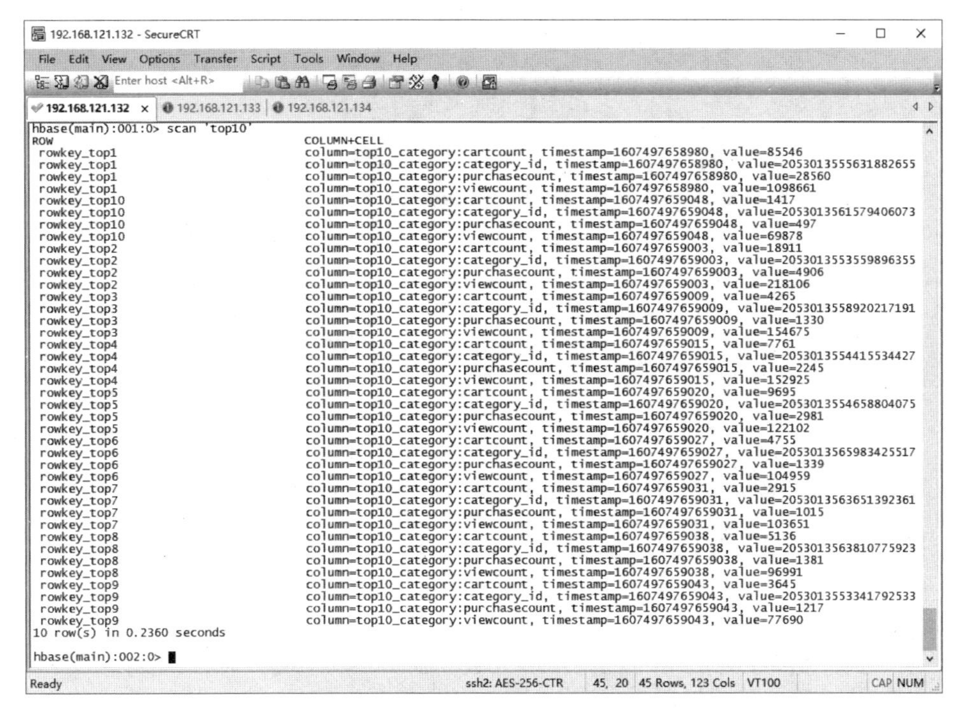

图 3-19　查询数据表 top10 中的数据

至此，便完成了热门品类 Top10 分析，利用此分析结果，公司决策者可以有效地调整营销策略，对于比较受欢迎品类中的商品进行着重推荐，从而增加该品类中商品的购买率。

3.5　本章小结

本章主要讲解了如何通过用户行为数据实现热门品类 Top10 分析。首先对数据集进行分析，使读者了解用户行为数据的数据结构。接着通过实现思路分析，使读者了解热门品类 Top10 分析的实现流程。然后通过 IntelliJ IDEA 开发工具实现热门品类 Top10 分析程序并将分析结果存储到 HBase 数据库，使读者掌握运用 Java 语言编写 Spark 和 HBase 程序的能力。最后封装热门品类 Top10 分析程序并提交到集群运行，使读者掌握运用 IntelliJ IDEA 开发工具封装 Spark 程序以及 Spark ON YARN 模式运行 Spark 程序的方法。

思政材料

第4章 各区域热门商品Top3分析

学习目标

- 掌握各区域热门商品Top3分析实现思路。
- 掌握如何创建Spark连接并读取数据集。
- 掌握利用Spark获取业务数据。
- 掌握利用Spark过滤商品的行为类型。
- 掌握利用Spark转换数据格式。
- 掌握利用Spark统计每个区域中的不同商品。
- 掌握利用Spark根据区域进行分组。
- 掌握利用Spark根据区域内商品的查看次数进行排序。
- 掌握将数据持久化到HBase数据库。
- 熟悉通过Spark On YARN运行程序。

用户在访问电商网站时，网站在存储用户行为数据的同时，还会通过IP地址或位置信息存储用户触发行为所在的区域数据。通过统计各区域不同商品被查看的次数，可获取每个区域内比较热门的商品。本章通过对电商网站存储的用户行为数据进行分析，从而统计出各区域排名前3的热门商品。

4.1 实现思路分析

获取数据集中所有用户数据，过滤出用户行为类型为查看的数据，以商品被查看的次数为依据判断哪些商品属于热门商品。对过滤后的数据进行聚合操作，统计每个区域不同商品的查看次数。按照区域对聚合后的数据进行分组处理，将分组后的数据进行降序排序，获取各区域排名前3的商品，就是各区域热门商品Top3。有关各区域热门商品Top3的分析过程如图4-1所示。

针对图4-1中各区域热门商品Top3的分析过程讲解如下。

- 读取/转换：读取数据集中的区域名称(address_name)、商品ID(product_id)和行为类型(event_type)数据。
- 过滤：过滤行为类型为view(查看)的数据。
- 转换：为便于之后聚合处理时，将相同Key的Value值进行累加，这里需要对数据格式进行转换处理，将区域名称和商品ID作为Key，值1作为Value。由于过滤后的数据行为类型都是查看，在后续的处理中便不再需要行为类型数据。

- 聚合：统计每个区域中不同商品的查看次数。
- 转换/分组：对数据格式进行转换，将区域名称作为 Key，商品 ID 和商品被查看的次数作为 Value。接下来，将转换后的数据根据 Key 进行分组，统计各个区域被查看的商品及每个商品查看的次数。
- 排序：对每一组数据的值进行排序，即对各个区域每个商品被查看的次数进行降序排序。

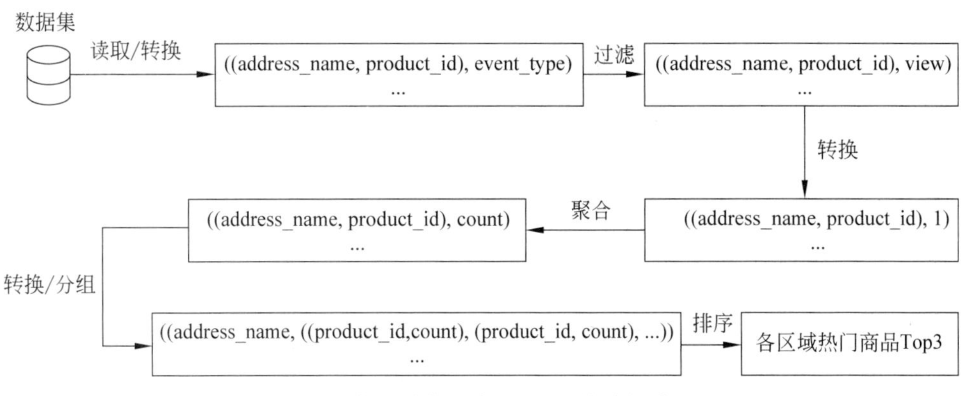

图 4-1　各区域热门商品 Top3 的分析过程

4.2　实现各区域热门商品 Top3

4.2.1　创建 Spark 连接并读取数据集

在项目 SparkProject 的 java 目录新建 Package 包 cn.itcast.top3，用于存放实现各区域热门商品 Top3 的 Java 文件。在包 cn.itcast.top3 中创建文件 AreaProductTop3.java，用于实现各区域热门商品 Top3，具体代码如文件 4-1 所示。

文件 4-1　AreaProductTop3.java

```
1    public class AreaProductTop3{
2         public static void main(String[] arg){
3         //实现各区域热门商品 Top3 分析
4         }
5    }
```

在文件 4-1 中，第 2～4 行代码创建 main()方法，该方法是 Java 程序执行的入口，在 main()方法中实现各区域热门商品 Top3。

在文件 4-1 的 main()方法中，创建 JavaSparkContext 和 SparkConf 对象，JavaSpark-Context 对象用于实现 Spark 程序，SparkConf 对象用于配置 Spark 程序相关参数，具体代码如下。

```
1    SparkConf conf =new SparkConf();
2    //设置 Application 名称为 top3_area_product
3    conf.setAppName("top3_area_product");
4    JavaSparkContext sc =new JavaSparkContext(conf);
```

在文件4-1的main()方法中，调用JavaSparkContext对象的textFile()方法读取外部文件，将文件中的数据加载到textFileRDD，具体代码如下。

```
JavaRDD<String> textFileRDD =sc.textFile(arg[0]);
```

上述代码中，通过变量arg[0]指定文件路径，目的是执行提交Spark程序到YARN集群运行的命令中，通过参数指定文件路径。

4.2.2 获取业务数据

在文件4-1的main()方法中，使用mapToPair()算子转换textFileRDD的每一行数据，用于获取每一行数据中的行为类型、区域名称和商品ID数据，将转换结果加载到transProductRDD，具体代码如下。

```
1    JavaPairRDD<Tuple2<String,String>,String> transProductRDD =
2                    textFileRDD.mapToPair(new PairFunction<String,
3                                                Tuple2<String, String>,
4                                                String>() {
5            @Override
6            public Tuple2<Tuple2<String, String>, String> call(String s)
7                            throws Exception {
8                        //将数据转为 JSONObject
9                        JSONObject json =JSONObject.parseObject(s);
10                       //replaceAll("\u00A0+","")去除特殊空字符
11                       String address_name =
12                 json.getString("address_name").replaceAll("\u00A0+","");
13                       String product_id =json.getString("product_id");
14                       String event_type =json.getString("event_type");
15                       Tuple2<Tuple2<String,String>,String> tuple2 =
16                               new Tuple2<>(
17                                   new Tuple2<>(address_name,product_id),
18                                   event_type);
19                       return tuple2;
20                   }
21               });
```

上述代码中，首先将textFileRDD中的每一行数据转为JSONObject；然后获取JSONObject中的address_name、product_id和event_type；最后将address_name、product_id和event_type存放在Tuple2中。

4.2.3 过滤商品的行为类型

在文件4-1的main()方法中，使用filter()算子过滤transProductRDD每一行数据中行

为类型为加入购物车和购买的数据，只保留行为类型为查看的数据，将过滤结果加载到 getViewRDD，具体代码如下。

```
1    JavaPairRDD<Tuple2<String, String>, String> getViewRDD =
2        transProductRDD.filter(new Function<Tuple2<
3                                Tuple2<String, String>, String>, Boolean>() {
4            @Override
5            public Boolean call(
6                    Tuple2<Tuple2<String, String>, String> tuple2)
7                    throws Exception {
8                String event_type =tuple2._2;
9                return event_type.equals("view");
10           }
11       });
```

上述代码中，第 9 行通过 equals()方法判断行为类型是否为 view（查看）并将判断结果作为返回值。若判断结果为 Ture，则将数据加载到 getViewRDD。

4.2.4　转换数据格式

在文件 4-1 的 main()方法中，使用 mapToPair()算子转换 getViewRDD 的每一行数据，用于将行为类型数据替换为 1，将转换结果加载到 productByAreaRDD，具体代码如下。

```
1 JavaPairRDD<Tuple2<String,String>,Integer> productByAreaRDD =
2               getViewRDD.mapToPair(
3                   new PairFunction<Tuple2<Tuple2<String, String>, String>,
4                               Tuple2<String, String>,
5                               Integer>() {
6           @Override
7           public Tuple2<Tuple2<String, String>, Integer> call(
8                   Tuple2<Tuple2<String, String>, String> tuple2)
9                   throws Exception {
10               return new Tuple2<>(tuple2._1,new Integer(1));
11           }
12       });
```

上述代码中，将行为类型数据替换为 1 的目的是便于将转换结果进行聚合操作。

4.2.5　统计每个区域中的不同商品

在文件 4-1 的 main()方法中，使用 reduceByKey()算子对 productByAreaRDD 进行聚合操作，用于统计每个区域中不同商品的查看次数，将统计结果加载到 productCountByAreaRDD，具体代码如下。

```
1    JavaPairRDD<Tuple2<String,String>,Integer> productCountByAreaRDD =
2            productByAreaRDD.reduceByKey(
3                    new Function2<Integer, Integer, Integer>() {
4        @Override
```

```
5       public Integer call(Integer integer, Integer integer2)
6               throws Exception {
7           return integer+integer2;
8       }
9   });
```

4.2.6 根据区域进行分组

在文件4-1的main()方法中，使用mapToPair()算子转换productCountByAreaRDD的每一行数据，将转换结果加载到transProductCountByAreaRDD，具体代码如下。

```
1   JavaPairRDD<String,Tuple2<String,Integer>> transProductCountByAreaRDD =
2           productCountByAreaRDD.mapToPair(
3                   new PairFunction<Tuple2<
4                           Tuple2<String, String>, Integer>,
5                           String,
6                           Tuple2<String, Integer>>() {
7                       @Override
8                       public Tuple2<String, Tuple2<String, Integer>> call(
9                               Tuple2<Tuple2<String, String>, Integer> tuple2)
10                              throws Exception {
11                          return new Tuple2<>(tuple2._1._1,
12                                  new Tuple2<>(tuple2._1._2,tuple2._2));
13                      }
14                  });
```

上述代码中，将productCountByAreaRDD每一行数据由原始的<(address_name，product_id)，count>转换为<address_name，(product_id，count)>，这样做的目的是便于之后通过区域名称(address_name)进行分组操作。

在文件4-1的main()方法中，使用groupByKey()算子对transProductCountByAreaRDD进行分组操作，将同一区域内的商品以及商品被查看的次数合并在一起，通过productGroupByAreaRDD加载分组结果，具体代码如下。

```
JavaPairRDD<String, Iterable<Tuple2<String, Integer>>>
        productGroupByAreaRDD =transProductCountByAreaRDD.groupByKey();
```

上述代码中，迭代器Iterable中存储同一区域内的商品以及商品被查看的次数。

4.2.7 根据区域内商品的查看次数进行排序

在文件4-1的main()方法中，使用mapToPair()算子转换productGroupByAreaRDD的每一行数据，将同一区域内的商品按照商品被查看的次数进行降序排序，通过productSortByAreaRDD加载排序结果，具体代码如下。

```
1   JavaPairRDD<String, Iterable<Tuple2<String, Integer>>>
2       productSortByAreaRDD =productGroupByAreaRDD.mapToPair(
3           new PairFunction<
4                   Tuple2<String, Iterable<Tuple2<String, Integer>>>,
5                   String,
6                   Iterable<Tuple2<String, Integer>>>() {
7               @Override
8               public Tuple2<String, Iterable<Tuple2<String, Integer>>>
9               call(Tuple2<String, Iterable<Tuple2<String, Integer>>> tuple2)
10                      throws Exception {
11                  List<Tuple2<String,Integer>> list =new ArrayList<>();
12                  Iterator<Tuple2<String,Integer>> iter =
13                                                      tuple2._2.iterator();
14                  //遍历迭代器将值存入集合 list 中
15                  while (iter.hasNext()){
16                      list.add(iter.next());
17                  }
18                  list.sort(new Comparator<Tuple2<String, Integer>>() {
19                      @Override
20                      public int compare(
21                              Tuple2<String, Integer> o1,
22                              Tuple2<String, Integer> o2) {
23                          return o2._2 -o1._2;
24                      }
25                  });
26                  return new Tuple2<>(tuple2._1,list);
27              }
28          });
```

上述代码中，第 18～25 行调用集合 list 的 sort()方法进行排序，在 sort()方法中实现比较器 Comparator 并重写比较器的 compare()方法自定义排序。

4.2.8　数据持久化

为了保证各区域热门商品 Top3 分析结果数据的持久性，便于查看以及应用到数据可视化中，这里需要进行数据持久化操作，将热门商品 Top3 分析结果数据存储到 HBase 数据库中，具体实现步骤如下。

1. 获取各区域热门商品 Top3 数据

在文件 4-1 的 main()方法中，使用 mapToPair()算子转换 productSortByAreaRDD 的每一行数据，获取每个区域排名前 3 的商品，通过 productSortByAreaRDD 加载转换结果，具体代码如下。

```
1   JavaPairRDD<String, Iterable<Tuple2<String, Integer>>> top3AreaProductRDD
2                   =productSortByAreaRDD.mapToPair(new PairFunction<
3                   Tuple2<String, Iterable<Tuple2<String, Integer>>>,
```

```
4                     String,
5                     Iterable<Tuple2<String, Integer>>>() {
6                 @Override
7                 public Tuple2<String, Iterable<Tuple2<String, Integer>>>
8                 call(Tuple2<String, Iterable<Tuple2<String, Integer>>> tuple2)
9                         throws Exception {
10                    List<Tuple2<String,Integer>> list =new ArrayList<>();
11                    Iterator<Tuple2<String,Integer>> iter
12                                                          =tuple2._2.iterator();
13                    int i =0;
14                    while (iter.hasNext()){
15                        list.add(iter.next());
16                        i++;
17                        if (i ==3){
18                            break;
19                        }
20                    }
21                    return new Tuple2<>(tuple2._1,list);
22                }
23            });
```

上述代码中,第 14~20 行通过 while 循环遍历迭代器 iter,获取迭代器的前 3 个值,并添加到集合 list 中,从而获取每个区域排名前 3 的商品。

2. 持久化各区域热门商品 Top3 数据

在文件 4-1 的类 AreaProductTop3 中添加方法 top3ToHbase(),用于将各区域热门商品 Top3 分析结果持久化到 HBase 数据库中,该方法包含参数 rdd,表示各区域热门商品 Top3 分析结果数据,具体代码如下。

```
1   public static void top3ToHbase(
2           JavaPairRDD<String, Iterable<Tuple2<String, Integer>>> rdd)
3           throws IOException {
4       //创建数据表 top3 和列族 top3_area_product
5       HbaseUtils.createTable("top3","top3_area_product");
6       //创建数组 column 用于存储数据表 top3 的列名
7       String[] column =
8               {"area","product_id","viewcount"};
9       //通过 foreach()算子遍历各区域热门商品 Top3 分析结果数据
10      rdd.foreach(
11          new VoidFunction<
12                                  Tuple2<String,
13                                          Iterable<Tuple2<String, Integer>>>>()
14          {
15              @Override
16              public void call(
17                      Tuple2<String, Iterable<Tuple2<String, Integer>>>
18                              tuple2) throws Exception {
```

```
19                 //获取区域数据
20                 String area =tuple2._1;
21                 String product_id ="";
22                 String viewcount ="";
23                 Iterator<Tuple2<String,Integer>> iter =
24                         tuple2._2.iterator();
25                 //将迭代器转为集合
26                 List<Tuple2<String,Integer>> myList =
27                         Lists.newArrayList(iter);
28                 //遍历集合 myList 获取商品 ID 和商品查看次数
29                 for (Tuple2<String,Integer> tuple : myList) {
30                     product_id =tuple._1;
31                     viewcount =String.valueOf(tuple._2);
32                     //创建数组 value 用于存储数据表 top3 的值
33                     String [] value =  {area,product_id,viewcount};
34                     try {
35                         HbaseUtils.putsToHBase(
36                                 "top3",
37                                 area+product_id,
38                                 "top3_area_product",
39                                 column,
40                                 value);
41                     } catch (Exception e) {
42                         e.printStackTrace();
43                     }
44                 }
45             }
46         });
47     }
```

上述代码中，第 35～40 行调用 HBase 数据库操作工具类的 putsToHBase()方法，用于持久化各区域热门商品 Top3 数据。putsToHBase()方法包含 5 个参数：其中第 1 个参数为字符串 top3，表示数据表名称；第 2 个参数为字符串对象 area 和字符串对象 product_id，表示数据表的行键；第 3 个参数为字符串 top3_area_product，表示数据表的列族；第 4 个参数为数组 column，数组中的每一个元素表示数据表的列名；第 5 个参数为数组 value，数组中的每一个元素表示数据表的值。

在文件 4-1 的 main()方法中，调用 top3ToHbase()方法并传入参数 top3AreaProductRDD，用于在 Spark 程序中实现 top3ToHbase()方法，将各区域热门商品 Top3 分析结果持久化到 HBase 数据库中的数据表 top3，具体代码如下。

```
1    //通过 try…catch 抛出异常
2    try {
3            top3ToHbase(top3AreaProductRDD);
4        } catch (IOException e) {
5            e.printStackTrace();
6        }
```

```
7        //关闭 HBase 数据库连接
8        HbaseConnect.closeConnection();
9        //关闭 JavaSparkContext 连接
10       sc.close();
```

4.3 运行程序

各区域热门商品 Top3 分析程序编写完成后，需要在 IntelliJ IDEA 中将程序封装成 jar 包，并上传到集群环境中，通过 spark-submit 将程序提交到 YARN 中运行，具体步骤如下。

1. 封装 jar 包

由于在封装热门品类 Top10 分析程序 jar 包时，将程序主类指向了 cn.itcast.top10.CategoryTop10，因此这里需要将程序主类修改为 cn.itcast.top3.AreaProductTop3。对于封装 jar 包的操作可参照 3.4 节，这里不再赘述。将封装完成的 jar 包重命名为 AreaProductTop3，通过远程连接工具 SecureCRT 将 AreaProductTop3.jar 上传到虚拟机 Spark01 的/export/SparkJar/目录下。

2. 提交各区域热门商品 Top3 分析程序到 YARN 集群

通过 Spark 安装目录中 bin 目录下的 shell 脚本文件 spark-submit，提交各区域热门商品 Top3 分析程序到 YARN 集群运行，具体命令如下。

```
$ spark-submit \
--master yarn \
--deploy-mode cluster \
--num-executors 3 \
--executor-memory 2G \
--class cn.itcast.top3.AreaProductTop3 \
/export/SparkJar/AreaProductTop3.jar /spark_data/user_session.txt
```

针对上述命令的参数讲解如下。

- master 指定 Spark 任务的运行方式，参数值包括 yarn、local 和 spark://host:port 等。
- deploy-mode 指定 Spark On YARN 的运行模式，参数值包括 cluster 和 client。
- num-executors 指定启动的 Executor 数量，默认为 3，该参数在 YARN 模式下使用。
- executor-memory 指定每个 Executor 的内存为 2GB。
- class 指定应用程序的主类，仅针对 Java 或 Scala 应用程序。

注意：执行上述命令前需要启动集群中的 HBase 数据库。

3. 查看程序运行结果

在虚拟机 Spark01 执行 hbase shell 命令，进入 HBase 命令行工具，具体如图 4-2 所示。在 HBase 命令行工具中执行 list 命令，查看 HBase 数据库中的所有数据表，具体命令

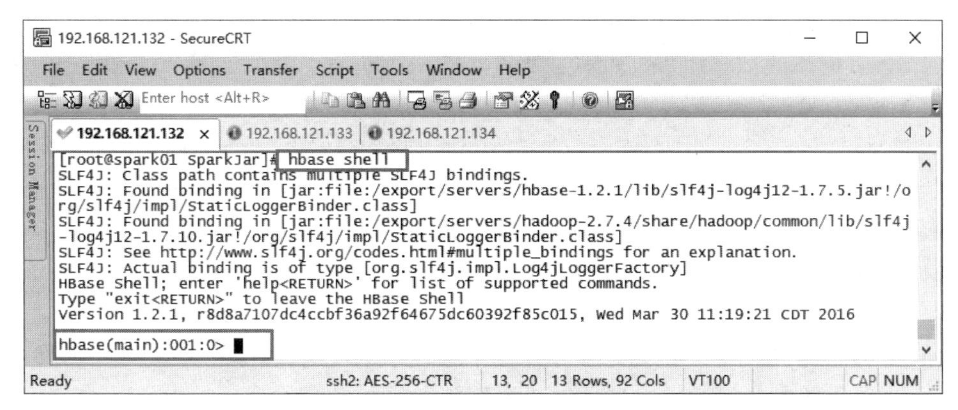

图 4-2　HBase 命令行工具

如下。

```
> list
TABLE
test
top10
top3
2 row(s) in 0.1810 seconds
```

从上述返回结果可以看出，HBase 数据库中包含表 test、top10 和 top3，其中数据表 top3 存储的是各区域热门商品 Top3 分析的结果数据。

在 HBase 命令行工具中执行 scan 'top3'"命令，查看数据表 top3 中的所有数据，具体如图 4-3 所示。

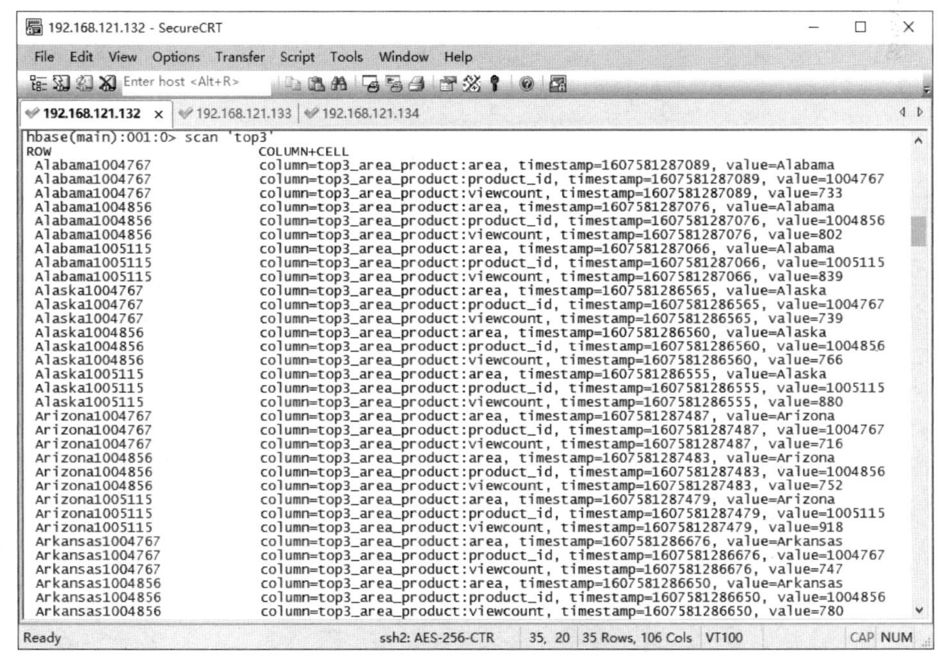

图 4-3　查询数据表 top3 中的数据

从图 4-3 中可以看出，数据表 top3 中出现了各区域热门商品 Top3 分析的结果数据，因此说明已成功将各区域热门商品 Top3 分析的结果数据持久化到 HBase 数据库的数据表 top3 中。

至此，便完成各区域热门商品 Top3 分析，利用此分析结果作为基础，公司决策者可以有效地调整营销策略，当用户在浏览网站时，可根据用户当前所属区域进行选择性推荐，将当前区域热门商品推荐给用户，从而提高网站的购买率以及用户的浏览深度。

4.4 本章小结

本章主要讲解了如何通过用户行为数据实现各区域热门商品 Top3 分析，首先通过分析实现思路，使读者了解各区域热门商品 Top3 分析的实现流程。然后通过 IntelliJ IDEA 开发工具实现各区域热门商品 Top3 分析程序并将分析结果存储到 HBase 数据库，使读者掌握运用 Java 语言编写 Spark 和 HBase 程序的能力。最后封装各区域热门商品 Top3 分析程序并提交到集群运行，使读者掌握运用 IntelliJ IDEA 开发工具封装 Spark 程序以及 Spark ON YARN 模式运行 Spark 程序的方法。

第5章 网站转化率统计

思政材料

学习目标

- 掌握网站转化率统计实现思路。
- 了解如何生成用户浏览网页数据。
- 掌握如何创建 Spark 连接并读取数据集。
- 掌握利用 Spark SQL 统计每个页面访问次数。
- 掌握利用 Spark SQL 获取每个用户浏览网页的顺序。
- 掌握利用 Spark SQL 合并同一用户浏览的网页。
- 掌握利用 Spark SQL 统计每个单跳的次数。
- 掌握利用 Spark SQL 计算页面单跳转化率。
- 掌握将数据持久化到 HBase 数据库。
- 熟悉通过 Spark On YARN 运行程序。

网站转化率(conversion rate)是指用户进行相应目标行动的访问次数与总访问次数的比率。这里所指的相应目标行动可以是用户登录、注册、浏览、购买等一系列用户行为,因此网站转化率是一个广义的概念。页面单跳转化率是网站转化率的一种统计形式,通过统计页面单跳转化率,来优化页面布局及营销策略,使访问网站的用户可以更深层次地浏览网站。本章对用户浏览网页数据进行分析,从而统计出页面单跳转化率。

5.1 数据集分析

本需求通过编写 Java 程序模拟生成用户浏览网页数据作为数据集,数据集中的每一行数据代表一个用户的浏览行为,所有浏览行为都与页面和用户有关,该数据集中包含了 10000 条用户浏览页面的数据,虽然数据比较多,但是数据内容格式基本类似,这里选取其中一条数据进行分析,具体如下。

```
{
      "actionTime":"2020-07-22 06:34:02",
      "sessionid":"98ac879b5a0a4a4eb117dffd84da1ff4",
      "pageid":3,
      "userid":8
}
```

上述数据包含 4 个字段，每个字段都代表特定的含义，具体介绍如下。

- actionTime：用户访问页面的时间。
- sessionid：用于标识用户行为的唯一值。
- pageid：用户浏览网页的 ID。
- userid：用户 ID。

5.2 实现思路分析

当用户浏览网页时，通过当前浏览页面(A)跳转到另一个页面(B)，此用户行为被称为一次 A→B 的单跳。如计算 A→B 的页面单跳转化率，则计算公式如下：

A→B 页面单跳转化率＝A→B 的单跳总数/A 总访问次数

通过上式可以看出，计算页面单跳转化率需要两部分数据，分别是 A→B 的单跳总数和 A 总访问次数，其中 A 总访问次数可以通过聚合操作获取，A→B 的单跳总数实现思路如下。

(1) 根据用户 ID 和访问时间对数据集进行排序操作，获取每个用户浏览网页的顺序。

(2) 根据用户 ID 对排序后的数据进行分组操作，将同一用户浏览的网页进行合并。

(3) 对分组后的数据进行转换操作，将同一用户浏览的网页按照浏览顺序转换为单跳

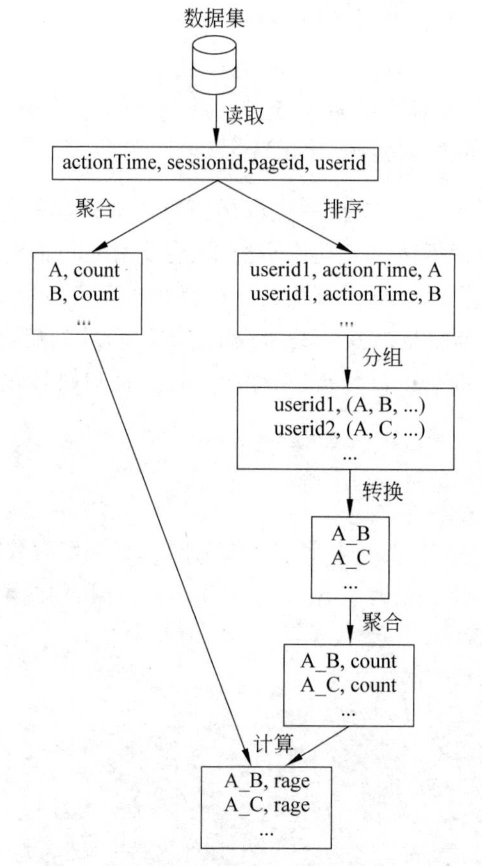

图 5-1 页面单跳转化率统计实现过程

形式。

(4) 对转换后的数据进行聚合操作统计每个单跳的总数,其中包括 A→B 的单跳总数。

此时,我们可以将 A 总访问次数和 A→B 的单跳总数这两部分数据带入计算公式中,得出 A→B 的页面单跳转化率,页面单跳转化率统计实现过程如图 5-1 所示。

5.3 实现网站转化率统计

5.3.1 生成用户浏览网页数据

实现网站转化率统计程序之前,需要模拟生成用户浏览网页数据,这里主要通过编写 Java 应用程序的方式,实现用户浏览网页数据的生成,具体实现步骤如下。

(1) 在项目 SparkProject 的 java 目录下新建 Package 包 cn.itcast.conversion,用于存放实现网站转化率统计的 Java 文件。在包 cn.itcast.conversion 中创建文件 GenerateData.java,用于模拟生成用户浏览网页数据,具体代码如文件 5-1 所示。

文件 5-1　GenerateData.java

```
1    import com.alibaba.fastjson.JSONObject;
2    import java.io.FileWriter;
3    import java.io.IOException;
4    import java.text.SimpleDateFormat;
5    import java.util.Date;
6    import java.util.Random;
7    import java.util.UUID;
8    public class GenerateData {
9        public static void main(String[] arg) throws IOException {
10           //创建 Random 对象,用于生成随机数
11           Random random =new Random();
12           //创建 JSONObject 对象,用于存储用户浏览网页数据
13           JSONObject jsonObject =new JSONObject();
14           //格式化日期的格式为 yyyy-MM-dd
15           SimpleDateFormat DATE_FORMAT =new SimpleDateFormat("yyyy-MM-dd");
16           //获取当前日期,进行格式化处理获取基础日期 date
17           String date =DATE_FORMAT.format(new Date());
18           //指定用户浏览网页数据输出路径及文件名称
19           String outputFile ="D:\sparkdata\user_conversion.json";
20           //为基础日期 date 随机添加小时
21           String baseActionTime =
22                   date +" " +fulfuill(String.valueOf(random.nextInt(24)));
23           //创建 FileWriter 输出流对象
24           FileWriter fw =new FileWriter(outputFile);
25           //通过 for 循环生成 10000 条用户浏览网页数据
26           for (int i =0;i<10000;i++){
27               //通过 UUID 类的方法 randomUUID()随机生成 sessionid
28               String sessionid =
29                       UUID.randomUUID().toString().replace("-", "");
```

```
30                //通过 Random 对象的方法 nextInt()随机生成 pageid
31                long pageid =random.nextInt(10)+1;
32                //通过 Random 对象的方法 nextInt()随机生成 userid
33                long userid =random.nextInt(100)+1;
34                //为添加小时的基础日期随机添加分和秒,随机生成 actionTime
35                String actionTime =baseActionTime +":"
36                        +fulfuill(String.valueOf(random.nextInt(60)))
37                        +":" +fulfuill(String.valueOf(random.nextInt(60)));
38                //将 sessionid、pageid、userid 和 actionTime 添加到 JSONObject 对象
39                jsonObject.put("sessionid",sessionid);
40                jsonObject.put("pageid",pageid);
41                jsonObject.put("userid",userid);
42                jsonObject.put("actionTime",actionTime);
43                //将 JSONObject 对象转换成 String 字符串类型并追加放入输出流对象 fw
44                fw.append(jsonObject.toString()+"\n");
45            }
46            //将输出流对象中的字符串数据写入指定文件
47            fw.flush();
48            //关闭输出流
49            fw.close();
50        }
51        //fulfuill()方法用于填充字符串,若字符串长度为 1,则在字符串首部添加 0
52        public static String fulfuill(String str) {
53            if(str.length() ==2) {
54                return str;
55            } else {
56                return "0" +str;
57            }
58        }
59    }
```

在文件 5-1 中,首先模拟生成用户浏览网页数据,用户浏览网页数据包含 sessionid(用户 Session)、pageid(页面 ID)、userid(用户 ID)和 actionTime(时间)。然后,将数据存储到 JSONObject 对象中。最后,通过 FileWriter 对象将 JSONObject 对象转换成 String 字符串类型,并追加写入目录 D:\\sparkdata 下的文件 user_conversion.json 中。

(2) 右击文件 GenerateData.java,在弹出的快捷菜单中选择 Run.GenerateData.main()运行程序,生成用户浏览网页数据。

(3) 程序运行完成后在 D:\\sparkdata 目录中会生成 JSON 文件 user_conversion.json,该文件包含用户浏览网页数据。

5.3.2 修改 pom.xml 文件

由于实现网站转化率统计是通过 Spark SQL 程序实现的,所以需要在项目 SparkProject 中添加 Spark SQL 依赖。在配置文件 pom.xml 的<dependency>标签中添加如下内容。

```
<dependency>
    <groupId>org.apache.spark</groupId>
    <artifactId>spark-sql_2.11</artifactId>
    <version>2.3.2</version>
</dependency>
```

在文件 pom.xml 中添加依赖后，通过按 Ctrl＋S 组合键保存文件 pom.xml，此时 IntelliJ IDEA 会自动下载文件 pom.xml 中添加的 Spark SQL 依赖。

5.3.3　创建 Spark 连接并读取数据集

在项目 SparkProject 的包 cn.itcast.conversion 中创建文件 PageConversion.java，用于实现网站转化率统计，具体代码如文件 5-2 所示。

文件 5-2　PageConversion.java

```
1    public class PageConversion {
2        public static void main(String[] arg) {
3        //实现 Spark SQL 程序
4        }
5    }
```

在文件 5-2 中，第 2～4 行代码创建 main()方法，该方法是 Java 程序执行的入口，在 main()方法中实现 Spark SQL 程序。

在文件 5-2 的 main()方法中创建 SparkSession 对象，用于实现 Spark SQL 程序，具体代码如下。

```
1    SparkSession spark =SparkSession
2                .builder()
3                //设置 Application 名称为 page_conversion
4                .appName("page_conversion")
5                .getOrCreate();
```

在文件 5-2 的 main()方法中，调用 SparkSession 对象的 read().json()方法读取外部 JSON 文件，将 JSON 文件中的数据加载到 userConversionDS，具体代码如下。

```
Dataset<Row> userConversionDS =spark.read().json(arg[0]);
```

上述代码中，通过变量 arg[0]指定 JSON 文件路径，目的是执行提交 Spark SQL 程序到 YARN 集群运行的命令中，通过参数指定 JSON 文件路径。

在文件 5-2 的 main()方法中，调用 DataSet 的 createOrReplaceTempView()方法，将 userConversionDS 创建为全局临时视图 conversion_table，具体代码如下。

```
userConversionDS.createOrReplaceTempView("conversion_table");
```

上述代码中，创建全局临时视图的目的是之后可以通过 SQL 语句操作

userConversionDS 中的数据。

5.3.4 统计每个页面访问次数

在文件 5-2 的 main()方法中，调用 SparkSession 的 sql()方法统计每个页面访问次数，将统计结果加载到 pageIdPvDS，具体代码如下。

```
1    Dataset<Row> pageIdPvDS = spark
2        .sql("select pageid, count(*) as pageid_count " +
3                "from conversion_table " +
4                "group by pageid");
```

上述代码中的 SQL 语句，使用 group by 子句和 count()函数相结合的方式，对全局临时视图 conversion_table 的字段 pageid 进行分组聚合操作，从而统计每个页面访问次数。

5.3.5 获取每个用户浏览网页的顺序

在文件 5-2 的 main()方法中，调用 SparkSession 的 sql()方法对每个用户浏览网页的顺序进行排序，将排序结果加载到 useridGroupSortDS，具体代码如下。

```
1    Dataset<Row> useridGroupSortDS = spark
2        .sql("select userid, actionTime, pageid " +
3                "from conversion_table " +
4                "order by userid, actionTime");
```

上述代码中的 SQL 语句，使用 order by 子句对全局临时视图 conversion_table 的字段 userid 和 actionTime 进行升序排序，从而根据用户访问时间对每个用户浏览网页的顺序进行排序。

在文件 5-2 的 main()方法中，调用 DataSet 的 createOrReplaceTempView()方法，将 useridGroupSortDS 创建为全局临时视图 conversion_group_sort_table，具体代码如下。

```
useridGroupSortDS.createOrReplaceTempView("conversion_group_sort_table");
```

5.3.6 合并同一用户浏览的网页

在文件 5-2 的 main()方法中，调用 SparkSession 的 sql()方法对同一用户浏览的网页进行合并，将合并结果加载到 pageConversionRDD，具体代码如下。

```
1    JavaRDD<Row>  pageConversionRDD = spark.sql("select userid," +
2                "concat_ws(',',collect_list(pageid)) as column2s " +
3                "from conversion_group_sort_table " +
4                "group by userid").toJavaRDD();
```

上述代码中的 SQL 语句，首先使用 group by 子句根据字段 userid 进行分组，然后使用函数 collect_list()将同一组内的 pageid 合并到一个集合中，最后使用函数 concat_ws()将集合中的每个 pageid 通过分隔符“,”拼接成字符串存储在字段 column2s 中。

为了后续使用 flatMap()算子对合并后的数据进行扁平化处理，这里通过 SparkSession 的 toJavaRDD()方法将 DataSet 转换为 JavaRDD。

5.3.7　统计每个单跳的次数

在文件 5-2 的 main()方法中，使用 flatMap()算子对 pageConversionRDD 进行扁平化处理，根据用户浏览网页的顺序将相邻网页拼接为单跳，将处理结果加载到 rowRDD，具体代码如下。

```
1   JavaRDD<Row> rowRDD =pageConversionRDD
2               .flatMap(new FlatMapFunction<Row, Row>() {
3           @Override
4           public Iterator<Row> call(Row row) throws Exception {
5               List<Row> list =new ArrayList<>();
6               //将用户浏览网页数据拆分为数组
7               String[] page =row.get(1).toString().split(",");
8               String pageConversionStr ="";
9               //遍历数组
10              for (int i =0;i<page.length-1;i++){
11              //判断相邻网页是否相同
12              if (!page[i].equals(page[i+1])){
13                  //将相邻网页通过字符"_"进行拼接
14                  pageConversionStr =page[i]+"_"+page[i+1];
15                  //将字符串转换为 Row 对象添加到集合 list
16                  list.add(RowFactory.create(pageConversionStr));
17              }
18          }
19              return list.iterator();
20          }
21      });
```

上述代码中，第 7 行通过 row.get(1)获取 Row 对象中的用户浏览网页数据，这是因为 pageConversionRDD 中每一行数据包含 userid 和 column2s，其中 column2s 表示用户浏览网页数据，所以 row.get(1)表示获取字段 column2s，也就是获取用户浏览网页数据。

在文件 5-2 的 main()方法中，调用 SparkSession 的 createDataFrame()方法和 registerTempTable()方法，将存储单跳数据的 rowRDD 注册为临时表 page_conversion_table，具体代码如下。

```
1   //指定临时表的字段信息
2   StructType schema =DataTypes
3           .createStructType(
4                   //创建临时表字段
5                   new StructField[]{
6                           DataTypes.createStructField(
7                                   //指定字段名为 page_conversion
8                                   "page_conversion",
9                                   //指定字段类型为 String
```

```
10                                      DataTypes.StringType,
11                                      //指定字段值可以为空
12                                      true)});
13        spark.createDataFrame(rowRDD, schema)
14                .registerTempTable("page_conversion_table");
```

上述代码中,第13～14行首先通过SparkSession的createDataFrame()方法,根据单跳数据和临时表的字段信息创建DataFrame,然后通过SparkSession的registerTempTable()方法将DataFrame注册为临时表page_conversion_table。

在文件5-2的main()方法中,使用SparkSession的sql()方法统计每个单跳的次数,根据统计结果创建全局临时视图page_conversion_count_table,具体代码如下。

```
1    spark.sql(
2            "select page_conversion," +
3            "count(*) as page_conversion_count " +
4            "from page_conversion_table " +
5            "group by page_conversion")
6            .createOrReplaceTempView("page_conversion_count_table");
```

上述代码中的SQL语句,使用group by子句和count()函数相结合的方式,对临时表page_conversion的字段page_conversion进行分组聚合操作,从而统计每个单跳的次数。

5.3.8 计算页面单跳转化率

通过页面单跳转化率的计算公式得知,若要计算单跳A→B的页面单跳转化率,首先需要获取页面A的访问次数,然后需要获取单跳A→B的次数,最终将这两部分数据代入页面单跳转化率的计算公式中计算单跳A→B的页面单跳转化率。

在计算每个单跳的页面单跳转化率之前,需要将每个页面与每个单跳一一对应,也就是说如果计算单跳A→B的页面单跳转化率,那么代入页面单跳转化率计算公式中的一定是页面A的访问次数,而不能是页面B或C的访问次数。

在文件5-2的main()方法中,使用SparkSession的sql()方法拆分单跳为起始页面和结束页面,将拆分后的数据加载到pageConversionCountDS,具体代码如下。

```
1    Dataset<Row> pageConversionCountDS = spark
2            .sql("select page_conversion_count," +
3                    "split(page_conversion,'_')[0] as start_page," +
4                    "split(page_conversion,'_')[1] as last_page " +
5                    "from page_conversion_count_table");
```

上述代码中的SQL语句,使用split()函数将单跳字段(page_conversion)中的数据按照分隔符"_"拆分为起始页面字段(start_page)和结束页面字段(last_page)。

在文件5-2的main()方法中,使用join()算子对pageIdPvDS(存储每个页面访问的次数)和pageConversionCountDS(存储每个单跳拆分后的数据)进行连接,根据连接结果创建全局临时视图page_conversion_join,具体代码如下。

```
1    pageConversionCountDS
2        .join(
3                pageIdPvDS,
4                new Column("start_page").equalTo(new Column("pageid")),
5                "left")
6        .createOrReplaceTempView("page_conversion_join");
```

上述代码中，通过 pageConversionCountDS 的起始字段(start_page)和 pageIdPvDS 的页面 ID(pageid)进行左外连接(left)。

在文件 5-2 的 main()方法中，使用 SparkSession 的 sql()计算页面单跳转化率，将计算结果加载到 resultDS，具体代码如下。

```
1    Dataset<Row> resultDS = spark
2    .sql("select " +
3        "concat(pageid,'_',last_page) as conversion," +
4        "round(" +
5        "CAST(page_conversion_count AS DOUBLE)/CAST(pageid_count AS DOUBLE)" +
6        ",3) as rage " +
7       "from page_conversion_join");
```

上述代码中的 SQL 语句，首先使用函数 concat()将每一行数据中的页面 ID(pageid)和结束页面(last_page)通过字符"_"合并为单跳，存储在字段 conversion 中；接着使用函数 CAST()将字段 page_conversion_count(单跳次数)和 pageid_count(页面访问次数)的数据类型转为 DOUBLE 类型；然后通过运算符"/"计算页面单跳转化率；最后使用函数 round()保留计算结果的 3 位小数，并存储在字段 rage 中。

5.3.9　数据持久化

为了保证各网站转化率统计结果的持久性，便于查看以及应用到数据可视化中，这里需要进行数据持久化操作，将网站转化率统计结果存储到 HBase 数据库中，具体实现步骤如下。

在文件 5-2 的 PageConversion 类中添加方法 conversionToHBase()，用于将页面单跳转化率统计结果持久化到 HBase 数据库中，该方法包含参数 dataset，表示需要向方法中传递页面单跳转化率统计结果数据，具体代码如下。

```
1        public static void conversionToHBase(Dataset<Row> dataset)
2                throws IOException {
3            //创建数据表 conversion 和列族 page_conversion
4            HbaseUtils.createTable("conversion","page_conversion");
5            //创建数组 column,用于指定数据表的列名 convert_page 和 convert_rage
6            String[] column = {"convert_page","convert_rage"};
7            //遍历页面单跳转化率统计结果数据 dataset
8            dataset.foreach(new ForeachFunction<Row>() {
9                @Override
10               public void call(Row row) throws Exception {
11                   //获取单跳数据
```

```
12                String conversion = row.get(0).toString();
13                //获取页面单跳转化率数据
14                String rage = row.get(1).toString();
15                //创建数组 value,用于指定数据表的值 conversion 和 rage
16                String[] value = {conversion, rage};
17                HbaseUtils.putsToHBase("conversion",
18                        conversion+rage,
19                        "page_conversion",
20                        column,
21                        value);
22            }
23        });
24    }
```

上述代码中，第 17～21 行调用 HBase 数据库操作工具类的 putsToHBase()方法，用于持久化页面单跳转化率统计结果数据。putsToHBase()方法包含 5 个参数：其中第 1 个参数为字符串 conversion，表示数据表名称；第 2 个参数为字符串对象 conversion＋rage，表示数据表的行键；第 3 个参数为字符串 page_conversion，表示数据表的列族；第 4 个参数为数组 column，数组中的每一个元素表示数据表的列名；第 5 个参数为数组 value，数组中的每一个元素表示数据表的值。

在文件 5-2 的 main()方法中，调用 conversionToHBase()方法并传入参数 resultDS，用于在 Spark SQL 程序中实现 conversionToHBase()方法，将页面单跳转化率统计结果数据持久化到 HBase 数据库中的数据表 conversion，具体代码如下。

```
1    //通过 try…catch 抛出异常
2    try {
3        conversionToHBase(resultDS);
4    } catch (IOException e) {
5        e.printStackTrace();
6    }
7    //关闭 HBase 连接
8    HbaseConnect.closeConnection();
9    //关闭 SparkSession 连接
10   spark.close();
```

5.4 运行程序

页面单跳转化率统计程序编写完成后，需要在 IntelliJ IDEA 中将程序封装成 jar 包，并上传到集群环境中，通过 spark-submit 将程序提交到 YARN 中运行，具体步骤如下。

1. 封装 jar 包

由于在封装各区域热门商品 Top3 分析程序 jar 包时，将程序主类指向了 cn.itcast top3. AreaProductTop3，因此这里需要将程序主类修改为 cn. itcast. conversion PageConversion。对于封装 jar 包的操作可参照 3.4 节，这里不再赘述。将封装完成的 ja

包重命名为PageConversion,通过远程连接工具SecureCRT将PageConversion.jar上传到虚拟机Spark01的/export/SparkJar/目录下。

2. 将数据集上传到HDFS

使用远程连接工具SecureCRT连接虚拟机Spark01,在存放数据文件的目录/export/data/SparkData/下执行rz命令,上传数据集user_conversion.json。

将数据集上传到HDFS前,需要在HDFS的根目录下创建目录page_conversion,用于存放数据集user_conversion.json,具体命令如下(注意:在执行HDFS操作之前,应确保启动Hadoop高可用集群)。

```
$ hdfs dfs -mkdir /page_conversion
```

将目录/export/data/SparkData/下的数据集user_conversion.json上传到HDFS的page_conversion目录下,具体命令如下。

```
$ hdfs dfs -put /export/data/SparkData/user_conversion.json /page_conversion
```

3. 提交页面单跳转化率统计程序到YARN集群

通过Spark安装目录中bin目录下的shell脚本文件spark-submit,提交页面单跳转化率统计程序到YARN集群运行,具体命令如下。

```
$ spark-submit \
--master yarn \
--deploy-mode cluster \
--num-executors 3 \
--executor-memory 2G \
--class cn.itcast.conversion.PageConversion \
/export/SparkJar/PageConversion.jar /page_conversion/user_conversion.json
```

针对上述命令的参数讲解如下。

- master指定Spark任务的运行方式,参数值包括yarn、local和spark://host:port等。
- deploy-mode指定Spark On YARN的运行模式,参数值包括cluster和client。
- num-executors指定启动的Executor数量,默认为3,该参数在YARN模式下使用。
- executor-memory指定每个Executor的内存为2GB。
- class指定应用程序的主类,仅针对Java或Scala应用程序。

注意: 执行上述命令前需要启动集群中的HBase数据库。

4. 查看程序运行结果

在虚拟机Spark01执行hbase shell命令,进入HBase的命令行工具,具体如图5-2所示。在HBase命令行工具中执行list命令,查看HBase数据库中的所有数据表,具体命令如下。

```
[root@spark01 sparkJar]# hbase shell
SLF4J: Class path contains multiple SLF4J bindings.
SLF4J: Found binding in [jar:file:/export/servers/hbase-1.2.1/lib/slf4j-log4j12-1.7.5.jar!/o
rg/slf4j/impl/StaticLoggerBinder.class]
SLF4J: Found binding in [jar:file:/export/servers/hadoop-2.7.4/share/hadoop/common/lib/slf4j
-log4j12-1.7.10.jar!/org/slf4j/impl/StaticLoggerBinder.class]
SLF4J: See http://www.slf4j.org/codes.html#multiple_bindings for an explanation.
SLF4J: Actual binding is of type [org.slf4j.impl.Log4jLoggerFactory]
HBase Shell; enter 'help<RETURN>' for list of supported commands.
Type "exit<RETURN>" to leave the HBase Shell
Version 1.2.1, r8d8a7107dc4ccbf36a92f64675dc60392f85c015, Wed Mar 30 11:19:21 CDT 2016

hbase(main):001:0>
```

图 5-2 进入 HBase 的命令行工具

```
> list
TABLE
conversion
test
top10
top3
4 row(s) in 0.1990 seconds
```

从上述执行结果可以看出，HBase 数据库中包含表 test、top10、top3 和 conversion，其中数据表 conversion 存储的是页面单跳转化率统计结果数据。

在 HBase 命令行工具执行 scan 'conversion'命令，查看数据表 conversion 中所有数据，具体如图 5-3 所示。

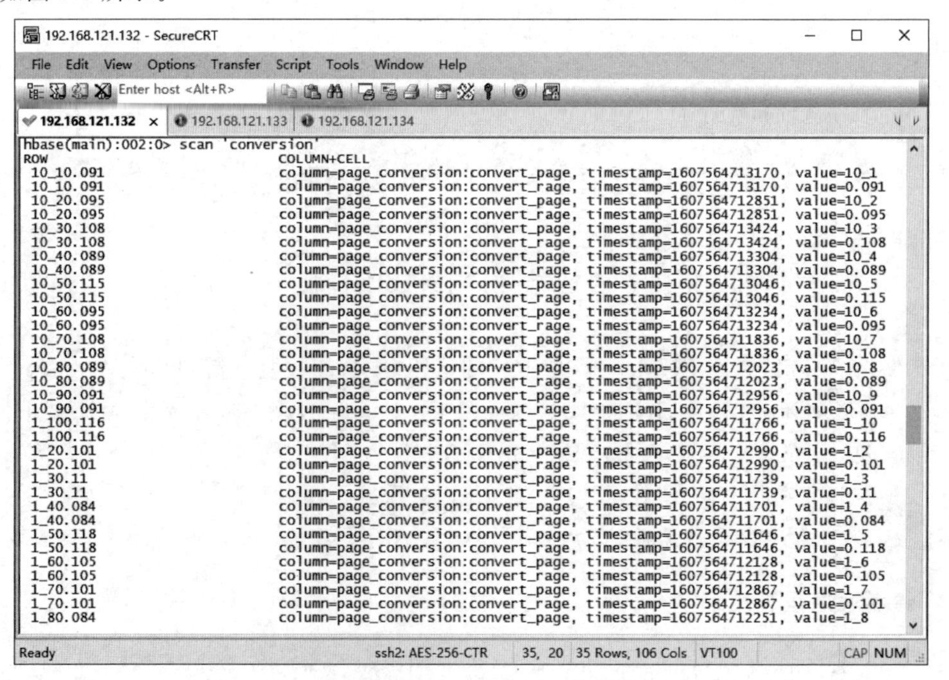

图 5-3 查看数据表 conversion 中所有数据

从图 5-3 中可以看出，数据表 conversion 中出现了页面单跳转化率统计的结果数据，因此说明已成功将页面单跳转化率统计的结果数据持久化到 HBase 数据库的数据表 conversion 中。

5.5　本章小结

本章主要讲解了如何通过用户浏览网页数据实现网站转化率统计，首先我们对数据集进行分析，使读者了解用户浏览网页数据的数据结构；接着通过实现思路分析，使读者了解网站转化率统计的实现流程；然后通过 IntelliJ IDEA 开发工具实现网站转化率统计程序并将分析结果存储到 HBase 数据库，使读者掌握运用 Java 语言编写 Spark SQL 和 HBase 程序的能力；最后封装网站转化率统计程序并提交到集群运行，使读者掌握运用 IntelliJ IDEA 开发工具封装 Spark SQL 程序以及 Spark ON YARN 模式运行 Spark SQL 程序的方法。

第6章 广告点击流实时统计

学习目标

- 掌握广告点击流实时统计实现思路。
- 掌握利用 Kafka 生产用户广告点击流数据。
- 了解数据库设计。
- 掌握如何创建 Spark Streaming 连接。
- 掌握利用 Spark Streaming 读取业务数据。
- 掌握利用 Spark 读取黑名单用户。
- 掌握利用 Spark Streaming 过滤黑名单用户。
- 掌握利用 Spark Streaming 统计每个城市不同广告的点击次数。
- 掌握利用 Spark Streaming 添加黑名单用户。
- 掌握将数据持久化到 HBase 数据库。
- 熟悉利用 HBase Shell 命令向 HBase 数据库的表中添加数据。

电商网站通常会存在一些广告位,当用户浏览网站时投放的广告内容会在对应广告位显示。此时,有些用户可能会点击广告跳转到对应界面去查看详情,从而提升用户在网站的浏览深度和商品的购买概率,针对这种用户广告点击行为的实时数据进行实时计算和统计,可以帮助公司实时地掌握各种广告的投放效果,以便及时地对广告投放相关的策略进行调整和优化,以期望通过广告的投放获取更高的收益。

6.1 数据集分析

本需求采用 Java 程序模拟生成用户广告点击数据,通过 Kafka 的生产者发布用户广告点击数据形成实时数据流,数据流中的每一条数据代表一个用户点击广告的行为,当 Kafka 生产者程序运行时会产出源源不断的用户广告点击流数据,其数据格式如下。

```
1596006895171,16,6,tianjin
```

通过上述数据格式可以看出,单条用户广告点击数据包含 4 个字段内容,依次分别是时间戳(time)、用户 ID(userid)、广告 ID(adid)和城市(city)。

6.2 实现思路分析

通过 Kafka 实时生产用户广告点击流数据，SparkStreaming 作为消费者实时读取 Kafka 生产的数据，与 HBase 数据库中黑名单用户表的数据进行合并，并过滤包含黑名单用户的数据。对过滤后的数据进行两次聚合操作，第一次聚合统计每个广告在不同城市的点击次数。第二次聚合统计用户出现的次数，用于将广告点击次数超过 100 的用户添加到黑名单用户中。广告点击流实时统计实现过程如图 6-1 所示。

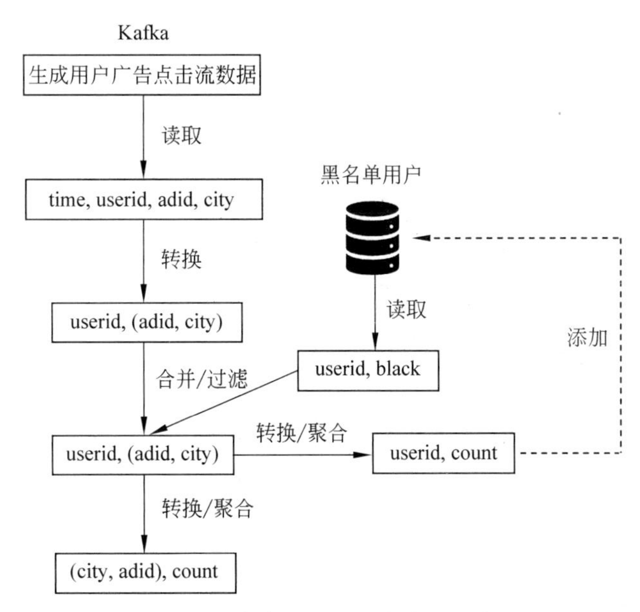

图 6-1　广告点击流实时统计实现过程

针对图 6-1 中广告点击流实时统计实现过程讲解如下。

- 读取：读取 Kafka 实时生产用户广告点击流数据。
- 转换：为了便于之后通过 userid 过滤黑名单用户，这里将数据格式转换为以 userid 为 Key，adid 和 city 作为一个整体为 Value 的数据形式。
- 读取：读取 HBase 数据库中黑名单用户。
- 合并/过滤：将转换后的数据与读取的黑名单用户数据进行合并，若合并后的数据中出现 black，则证明此条数据是黑名单用户所产生，因此过滤此条数据。
- 转换/聚合：第一次转换/聚合，首先为了便于聚合操作，将数据格式转换为以 adid 和 city 作为一个整体为 Key，数值 1 作为 Value 的数据形式，然后进行聚合操作，统计每个广告在不用城市的点击次数；第二次转换/聚合，首先为了便于聚合操作，将数据格式转换为以 userid 作为 Key，值 1 作为 Value 的数据形式，然后进行聚合操作，统计每个用户出现的次数。
- 添加：将用户出现次数超过 100 的用户添加到 HBase 数据库中的黑名单用户中。

6.3 数据库设计

本需求将用户广告点击流实时统计结果写入到 HBase 数据库的 adstream 表中,并且需要从 HBase 数据库的黑名单用户表 blacklist 中读取用户进行过滤。因此需要提前在 HBase 数据库中创建表 adstream 和 blacklist,具体操作步骤如下。

(1) 打开虚拟机启动大数据集群环境(此时可以不启动 Kafka),使用远程连接工具 SecureCRT 连接虚拟机 Spark01,执行 hbase shell 命令进入 HBase 的命令行工具,具体如图 6-2 所示。

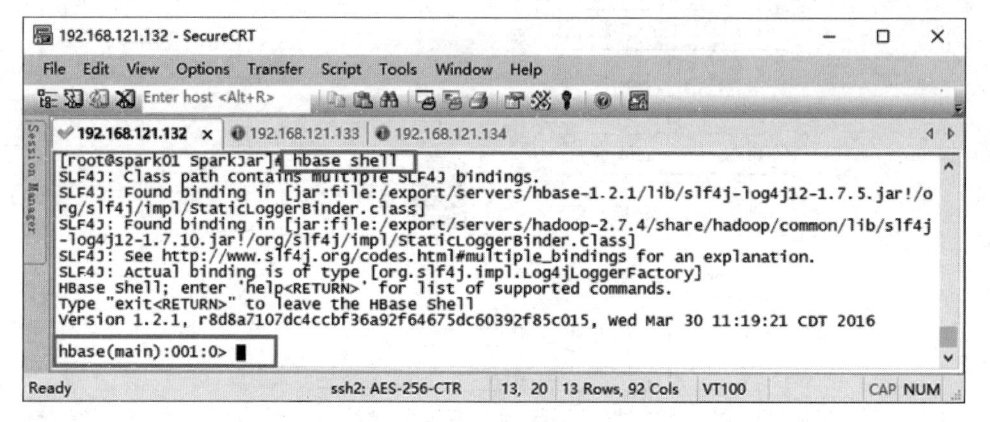

图 6-2 HBase 的命令行工具

(2) 在 HBase 的命令行工具执行 create 'blacklist','black_user'命令,创建表 blacklist 并指定列族为 black_user,用于存储黑名单用户数据,具体如下。

```
hbase(main):001:0> create 'blacklist','black_user'
0 row(s) in 1.4090 seconds
=> Hbase::Table -blacklist
```

(3) 在表 blacklist 的列族 black_user 下插入黑名单用户,这里指定 uerid 为 33、44 和 55 的用户为黑名单用户,具体如下。

```
hbase(main):002:0> put 'blacklist', 'user33', 'black_user:userid', '33'
0 row(s) in 0.1450 seconds
hbase(main):003:0> put 'blacklist', 'user44', 'black_user:userid', '44'
0 row(s) in 0.0100 seconds
hbase(main):004:0> put 'blacklist', 'user55', 'black_user:userid', '55'
0 row(s) in 0.0160 seconds
```

(4) 在 HBase 命令行工具执行 create 'adstream','area_ads_count'命令,创建表 adstream 并指定列族为 area_ads_count,用于存储用户广告点击流实时统计结果,具体如下。

```
hbase(main):001:0> create 'adstream','area_ads_count'
0 row(s) in 1.4090 seconds
=> Hbase::Table - adstream
```

6.4　实现广告点击流实时统计

6.4.1　修改 pom.xml 文件

本项目所需要的依赖包括 Hadoop、Spark Streaming 和 Spark Streaming 整合 Kafka 依赖，分别用于操作 Hadoop、Spark Streaming 和 Kafka。在配置文件 pom.xml 的 <dependency>标签中添加如下内容。

```
<!--Hadoop 依赖-->
<dependency>
    <groupId>org.apache.hadoop</groupId>
    <artifactId>hadoop-common</artifactId>
    <version>2.7.4</version>
</dependency>
<!--Spark Streaming 依赖-->
<dependency>
    <groupId>org.apache.spark</groupId>
    <artifactId>spark-streaming_2.11</artifactId>
    <version>2.3.2</version>
</dependency>
<!--Spark Streaming 整合 Kafka 依赖-->
<dependency>
    <groupId>org.apache.spark</groupId>
    <artifactId>spark-streaming-kafka-0-10_2.11</artifactId>
    <version>2.3.2</version>
</dependency>
```

6.4.2　生产用户广告点击流数据

本节详细讲解如何在项目 SparkProject 中编写 Kafka 生产者程序，实现生产用户广告点击流数据，具体实现步骤如下。

（1）在项目 SparkProject 的 java 目录下新建 Package 包 cn.itcast.streaming，用于存放广告点击流实时统计的 Java 文件。在包 cn.itcast.streaming 中创建 Java 类文件 MockRealTime，用于实现 Kafka 生产者，生产用户广告点击流数据，具体代码如文件 6-1 所示。

文件 6-1　MockRealTime.java

```
1    import org.apache.kafka.clients.producer.KafkaProducer;
2    import org.apache.kafka.clients.producer.ProducerRecord;
3    import java.util.*;
```

```
4    public class MockRealTime {
5        public static void main(String[] arg) throws InterruptedException {
6            String topic ="ad";
7            //创建 Kafka 生产者
8            KafkaProducer<String,String> producer =createKafkaProducer();
9            //每隔 1s 向指定 topic 发送用户广告点击流数据
10           while (true){
11               producer.send(new ProducerRecord<>(topic,mockRealTimeData()));
12               Thread.sleep(1000);
13           }
14       }
15       public static KafkaProducer<String,String> createKafkaProducer(){
16           //创建 Properties 对象,用于配置 Kafka
17           Properties props =new Properties();
18           //指定服务器地址
19           props.put("bootstrap.servers",
20                   "spark01:9092,spark02:9092,spark03:9092");
21           //序列化 key
22           props.put("key.serializer",
23                   "org.apache.kafka.common.serialization.StringSerializer");
24           //序列化 value
25           props.put("value.serializer",
26                   "org.apache.kafka.common.serialization.StringSerializer");
27           //Leader 接收到消息后,需保证保持同步的 Follower 也同步消息,默认参数为 1
28           props.put("acks", "all");
29           //创建 Kafka 生产者对象 KafkaProducer
30           KafkaProducer<String,String> kafkaProducer
31                   =new KafkaProducer<String, String>(props);
32           return kafkaProducer;
33       }
34       public static String mockRealTimeData() throws InterruptedException {
35           Random random =new Random();
36           String[] cityArray ={
37                   "beijing",
38                   "tianjing",
39                   "shanghai",
40                   "chongqing",
41                   "shenzhen",
42                   "guangzhou",
43                   "nanjing",
44                   "chengdu",
45                   "zhengzhou",
46                   "hefei",
47                   "wuhan"
48           };
49           long time =System.currentTimeMillis();
50           String city =cityArray[random.nextInt(cityArray.length)];
51           String userid =String.valueOf(random.nextInt(100));
52           String adid =String.valueOf(random.nextInt(10));
53           String userAd =time +"," +userid +"," +adid +"," +city;
54           Thread.sleep(10);
55           return userAd;
56       }
57   }
```

在文件 6-1 中，第 34～56 行代码创建返回值类型为 String 的方法 mockRealTimeData()，用于模拟生成用户广告点击流数据，包括时间戳(time)、用户 ID(userid)、广告 ID(adid)和城市(city)。

(2) 打开虚拟机启动大数据集群环境(包括 Kafka)，使用远程连接工具 SecureCRT 连接虚拟机 Spark01，进入 Kafka 安装目录(/export/servers/kafka_2.11-2.0.0)执行下列命令创建主题 ad 并启动 Kafka 消费者。

```
#创建主题 ad
bin/kafka-topics.sh --create --topic ad \
--bootstrap-server spark01:9092,spark02:9092,spark03:9092
#启动 Kafka 消费者
bin/kafka-console-consumer.sh \
--bootstrap-server spark01:9092,spark02:9092,spark03:9092 \
--topic ad
```

(3) 在包 cn.itcast.streaming 中右击文件 MockRealTime.java，在弹出的快捷菜单中选择 Run. MockRealTime.main()运行程序，通过 Kafka 生产者生产用户广告点击流数据，程序运行成功后在虚拟机 Spark01 的 Kafka 消费者窗口查看数据是否被成功接收，Kafka 消费者窗口具体如图 6-3 所示。

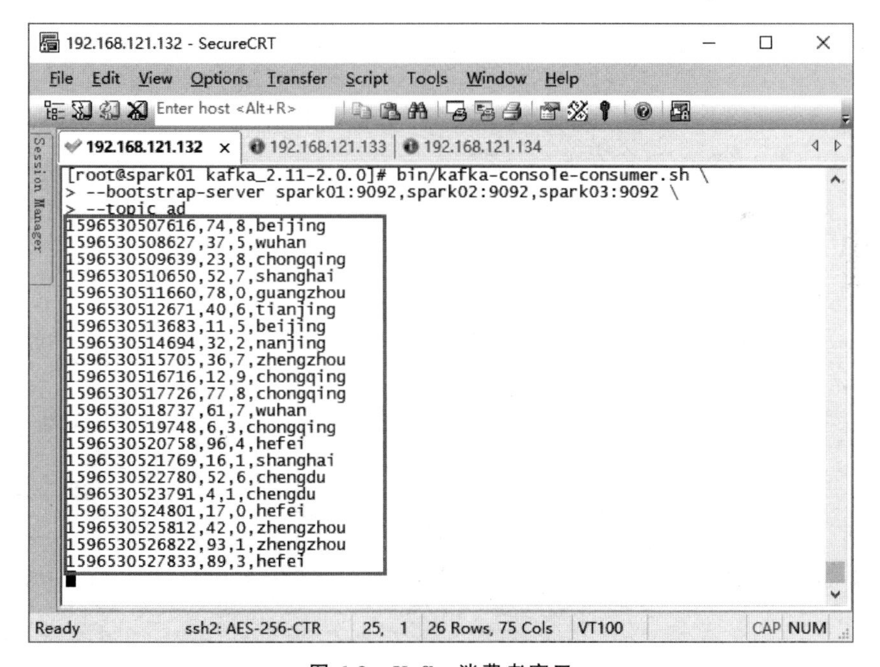

图 6-3　Kafka 消费者窗口

从图 6-3 可以看出 Kafka 消费者成功接收 Kafka 生产者生产的用户广告点击流数据，因此，证明已成功实现通过 Kafka 生产用户广告点击流数据。

(4) 在虚拟机 Spark01 的 Kafka 消费者窗口通过按下 Ctrl+C 组合键关闭当前消费者，在 IntelliJ IDEA 控制台中单击红色方框的按钮关闭 Kafka 生产者程序，关闭 Kafka 生产者程序具体如图 6-4 所示。

```
Run: MockRealTime
"D:\Program Files\Java\jdk1.8.0_161\bin\java.exe" ...
log4j:WARN No appenders could be found for logger (org.apache.kafka.clients.producer.ProducerConfig).
log4j:WARN Please initialize the log4j system properly.
log4j:WARN See http://logging.apache.org/log4j/1.2/faq.html#noconfig for more info.
```

图 6-4　关闭 Kafka 生产者程序

6.4.3　创建 Spark Streaming 连接

在项目 SparkProject 的包 cn.itcast.streaming 中创建 Java 类文件 AdsRealTime.java，用于实现广告点击流实时统计，具体代码如文件 6-2 所示。

文件 6-2　AdsRealTime.java

```
1    public class AdsRealTime {
2        public static void main(String[] arg) throws IOException,
3                InterruptedException {
4            //实现 Spark Streaming 程序
5        }
6    }
```

在文件 6-2 中，第 2～4 行代码创建 main()方法，该方法是 Java 程序执行的入口，在 main()方法中实现 Spark Streaming 程序。

在文件 6-2 的 main()方法中，创建 JavaStreamingContext 对象和 SparkConf 对象，JavaStreamingContext 对象用于实现 Spark Streaming 程序，SparkConf 对象用于配置 Spark Streaming 程序各种参数，具体代码如下。

```
1    System.setProperty("HADOOP_USER_NAME","root");
2    SparkConf conf =new SparkConf()
3            //配置 Spark Streaming 程序并以本地方式运行
4            .setMaster("local[2]")
5            .setAppName("stream_ad");
6      //配置 Spark Streaming 程序间隔 5s 消费 Kafka 生产者生产的用户广告点击流数据
7    JavaStreamingContext jsc =
8            new JavaStreamingContext(conf, Durations.seconds(5));
9    jsc.checkpoint("hdfs://192.168.121.133:9000/checkpoint");
```

上述代码中，第 1 行用于配置访问 HDFS 文件系统的用户，这里设置用户名为 root，否则会出现权限不足的情况，导致无法在 HDFS 的根目录创建 checkpoint 目录。第 9 行代码设置 Spark Streaming 程序的 checkpoint(检查点)目录，checkpoint 用于存储程序运行过程中计算的信息或程序运行过程中生成的 RDD 到可靠的存储系统(如 HDFS)，防止数据丢失。在使用有状态的转换算子(如 updateStateByKey()或 reduceByKeyAndWindow())时需要定期查看 checkpoint 目录，进行全局的状态更新。

6.4.4　读取用户广告点击流数据

在文件6-2的main()方法中，指定Kafka消费者的相关配置信息，具体代码如下。

```
1    //指定 Kafka 消费者的 topic
2    final Collection<String> topics =Arrays.asList("ad");
3    Map<String, Object> kafkaParams =new HashMap<>();
4    //Kafka 服务监听端口
5    kafkaParams.put("bootstrap.servers",
6            "spark01:9092,spark02:9092,spark03:9092");
7    //指定 Kafka 输出 key 的数据类型及编码格式(默认为字符串类型,编码格式为 UFT-8)
8    kafkaParams.put("key.deserializer", StringDeserializer.class);
9    //指定 Kafka 输出 value 的数据类型及编码格式(默认为字符串类型,编码格式为 UFT-8)
10   kafkaParams.put("value.deserializer", StringDeserializer.class);
11   //消费者组名称,随便指定一个名称即可
12   kafkaParams.put("group.id", "adstream");
13   //表示如果有 offset 记录就从 offset 记录开始消费,
14   // 如果没有就从最新的数据开始消费,offset 是用来记录消费到哪一条数据了
15   kafkaParams.put("auto.offset.reset", "latest");
16   //消费者定期自动提交 offset 到 ZooKeeper
17   kafkaParams.put("enable.auto.commit", true);
```

在文件6-2的main()方法中，使用类KafkaUtils的createDirectStream()方法从Kafka生产者读取用户广告点击流数据，并加载到userAdStream，具体代码如下。

```
1    JavaInputDStream<ConsumerRecord<String, String>> userAdStream =
2        KafkaUtils.createDirectStream(
3            jsc,
4            LocationStrategies.PreferConsistent(),
5            ConsumerStrategies.<String, String>Subscribe(topics, kafkaParams)
6        );
```

上述代码中，createDirectStream()方法包含3个参数：其中参数jsc为JavaStreamingContext对象；参数LocationStrategies.PreferConsistent()用于指定Kafka的本地策略是将分区分布到所有可获得的Executor上；参数ConsumerStrategies.<String, String>Subscribe(topics, kafkaParams)通过kafkaParams(Kafka消费者配置参数)和topics(Topic)创建Kafka消费者。

6.4.5　获取业务数据

在文件6-2的main()方法中，使用mapToPair()算子转换userAdStream中每一行数据，获取用户广告点击流数据中的userid(用户ID)、adid(广告ID)和city(城市)，将转换结果加载到userClickAdsStream，具体代码如下。

```
1   JavaPairDStream<String,Tuple2<String,String>> userClickAdsStream =
2           userAdStream.mapToPair(
3                   (PairFunction<
4                           ConsumerRecord<String, String>,
5                           String,
6                           Tuple2<String, String>
7                           >)
8                           record -> {
9       //将获取的每一行数据 record 通过分隔符","进行切分,生成数组 value
10      String[] value =record.value().split(",");
11      String userid =value[1];
12      String adid =value[2];
13      String city =value[3];
14      return new Tuple2<>(userid,new Tuple2<>(adid,city));
15  });
```

6.4.6 读取黑名单用户数据

在文件 HbaseUtils.java 的类 HbaseUtils 中添加方法 scan(),用于获取 HBase 数据库中指定表的全部数据,具体代码如下。

```
1   public static ResultScanner scan(String tableName)
2           throws IOException {
3       //获取指定 HBase 数据表的操作对象
4       Table table =HbaseConnect
5               .getConnection()
6               .getTable(TableName.valueOf(tableName));
7       Scan scan =new Scan();
8       return table.getScanner(scan);
9   }
```

在文件 6-2 的类 AdsRealTime 中添加方法 getBlackUser(),用于获取 HBase 数据库中黑名单用户表的数据,具体代码如下。

```
1   public static ArrayList getBlackUser() throws IOException {
2       //获取黑名单用户数据
3       ResultScanner blcakResult =HbaseUtils.scan("blacklist");
4       Iterator<Result> blackIterator =blcakResult.iterator();
5       ArrayList<Tuple2<String,String>> blackList =new ArrayList<>();
6       //遍历迭代器 blackIterator 将黑名单用户添加到集合 blackList
7       while (blackIterator.hasNext()){
8           String blackUserId =new String(blackIterator.next().value());
9           blackList.add(new Tuple2<>(blackUserId,"black"));
10      }
11      return blackList;
12  }
```

在文件 6-2 的 main()方法中,使用 parallelizePairs()算子将存放黑名单用户的集合转换为 JavaPairRDD，将转换结果加载到 blackUserRDD，具体代码如下。

```
JavaPairRDD<String,String> blackUserRDD =
        jsc.sparkContext().parallelizePairs(getBlackUser());
```

6.4.7 过滤黑名单用户

在文件 6-2 的 main()方法中，使用 transformToPair()算子转换 userClickAdsStream 的每一行数据，在转换的过程中过滤黑名单用户，将转换结果加载到 checkUserClickAdsStream，具体代码如下。

```
1   JavaPairDStream<String,Tuple2<String,String>> checkUserClickAdsStream
2           =userClickAdsStream.transformToPair(
3                   (Function<
4                           JavaPairRDD<String, Tuple2<String, String>>,
5                           JavaPairRDD<String, Tuple2<String, String>>>)
6                           userClickAdsRDD -> {
7       JavaPairRDD<String, Tuple2<Tuple2<String, String>, Optional<String>>>
8           joinBlackAdsUserRDD =userClickAdsRDD.leftOuterJoin(blackUserRDD);
9       JavaPairRDD<String, Tuple2<Tuple2<String, String>, Optional<String>>>
10              filterBlackAdsUserRDD =joinBlackAdsUserRDD.filter(
11                      (Function<Tuple2<String, Tuple2<Tuple2<String, String>,
12                              Optional<String>>>,
13                              Boolean>)
14                              joinBlackAdsUserTuple2 ->
15                                      !joinBlackAdsUserTuple2._2._2.isPresent());
16      JavaPairRDD<String, Tuple2<String, String>> mapBlackAdsUserRDD
17              =filterBlackAdsUserRDD.mapToPair((PairFunction<Tuple2<String,
18                                      Tuple2<Tuple2<String, String>,
19                                      Optional<String>>>,
20                                      String,
21                                      Tuple2<String, String>>)
22                                      filterBlackAdsUserTuple2 ->
23                                      new Tuple2<>(
24                                              filterBlackAdsUserTuple2._1,
25                                              new Tuple2<>(
26                                          filterBlackAdsUserTuple2._2._1._1,
27                                          filterBlackAdsUserTuple2._2._1._2)));
28      return mapBlackAdsUserRDD;
29  });
```

上述代码中，第 7～8 行代码使用 leftOuterJoin()算子合并用户广告点击流数据 userClickAdsRDD 和黑名单用户数据 blackUserRDD，用于标记用户广告点击流中每一条数据，并对黑名单用户的广告点击流进行特殊标记，将合并结果加载到 joinBlackAdsUserRDD。第 9～15 行代码使用 filter()算子根据用户广告点击流中的标记过滤 joinBlackAdsUserRDD 中的黑名单用户，将过滤结果加载到 filterBlackAdsUserRDD。第 16～27 行代码使用 mapToPair()算子转换 filterBlackAdsUserRDD，用于去除用户广告点击流中的标记值，将转换结果加载到 mapBlackAdsUserRDD。

6.4.8 统计每个城市不同广告的点击次数

在文件 6-2 的 main()方法中，使用 mapToPair()算子转换 checkUserClickAdsStream 的每一行数据，将用户 ID 的值替换为 1，通过 areaAdsStream 加载转换结果，具体代码如下。

```
1    JavaPairDStream<Tuple2<String,String>, Integer> areaAdsStream
2        =checkUserClickAdsStream.mapToPair(
3            (PairFunction<
4                Tuple2<String, Tuple2<String, String>>,
5                Tuple2<String, String>,
6                Integer>) checkUserClickAdsTuple2 -> {
7            String adid =checkUserClickAdsTuple2._2._1;
8            String city =checkUserClickAdsTuple2._2._2;
9            return new Tuple2<>(new Tuple2<>(city,adid),new Integer(1));
10       });
```

在文件 6-2 的 main()方法中，使用 updateStateByKey()算子维护 areaAdsStream 的状态，用于统计每个城市不同广告的点击次数，将统计结果加载到 countAreaAdsStream，具体代码如下。

```
1    JavaPairDStream<Tuple2<String,String>, Integer> countAreaAdsStream
2            =areaAdsStream.updateStateByKey(
3                (Function2<
4                    List<Integer>,
5                    Optional<Integer>,
6                    Optional<Integer>
7                    >)
8                    (valueList, oldState) -> {
9        Integer newState =0;
10       if (oldState.isPresent()){
11           newState =oldState.get();
12       }
13       for (Integer value : valueList){
14           newState +=value;
15       }
16       return Optional.of(newState);
17   });
```

上述代码中，第 10～16 行首先判断 countAreaAdsStream 中是否存在统计过的不同城市中的广告，如果存在则获取统计结果，然后根据当前对应的不同城市中广告的点击次数进行累加，最终更新 countAreaAdsStream 中不同城市中广告的点击次数。

在文件 6-2 的 main()方法中，使用 mapToPair()算子转换 checkUserClickAdsStream 的每一行数据，便于聚合统计每个用户点击广告的次数，将转换结果加载到 userStream，具体代码如下。

```
1   JavaPairDStream<String,Integer> userStream =checkUserClickAdsStream
2       .mapToPair(
3               (PairFunction<Tuple2<String, Tuple2<String, String>>,
4                       String, Integer>) checkUserClickAdsTuple2 ->
5                       new Tuple2<>(
6                               checkUserClickAdsTuple2._1,
7                               new Integer(1)));
```

在文件 6-2 的 main()方法中，使用 updateStateByKey()算子维护 userStream 的状态，用于统计每个用户点击广告的次数，将统计结果加载到 countUserStream，具体代码如下。

```
1   JavaPairDStream<String, Integer> countUserStream
2           =userStream.updateStateByKey(
3                   (Function2<
4                           List<Integer>,
5                           Optional<Integer>,
6                           Optional<Integer>
7                           >)
8                           (valueList, oldState) -> {
9       Integer newState =0;
10      if (oldState.isPresent()){
11          newState =oldState.get();
12      }
13      for (Integer value : valueList){
14          newState +=value;
15      }
16      return Optional.of(newState);
17  });
```

上述代码中，第 10～16 行首先判断 userStream 中是否存在统计过的用户，如果存在则获取统计结果，然后根据当前对应的用户统计结果进行累加，最终更新 countAreaAdsStream 中用户的统计结果。

6.4.9　添加黑名单用户

在文件 HbaseUtils.java 的类 HbaseUtils 中添加方法 putsOneToHBase ()，用于向指定 HBase 数据表中插入单条数据，具体代码如下。

```
1 public static void putsOneToHBase(String tableName,
2                                    String rowkey,
3                                    String cf,
4                                    String column,
5                                    String value)
6           throws IOException {
7       Table table = HbaseConnect
8               .getConnection()
9               .getTable(TableName.valueOf(tableName));
10      Put puts = new Put(rowkey.getBytes());
11      puts.addColumn(
12              Bytes.toBytes(cf),
13              Bytes.toBytes(column),
14              Bytes.toBytes(value));
```

```
15          table.put(puts);
16          table.close();
17      }
```

在文件 6-2 的 main()方法中,使用 foreachRDD()算子遍历 countUserStream 中的 RDD,将广告点击次数超过 100 的用户添加到 HBase 数据库的黑名单表 blacklist 中,具体代码如下。

```
1   countUserStream.foreachRDD((VoidFunction<JavaPairRDD<String, Integer>>)
2           countUserRDD ->
3               countUserRDD.foreach((VoidFunction<Tuple2<String, Integer>>)
4                       countUserTuple2 -> {
5       if (countUserTuple2._2>100){
6           HbaseUtils.putsOneToHBase(
7                   "blacklist",
8                   "user"+countUserTuple2._1,
9                   "black_user",
10                  "userid",
11                  countUserTuple2._1);
12      }
13  }));
```

上述代码中,第 5~12 行获取每一行数据中用户的广告点击总次数,并进行判断。若总次数大于 100,则调用 HBase 数据库操作工具类的 putsOneToHBase()方法将该用户添加到黑名单表 blacklist 中。

6.4.10 数据持久化

在文件 6-2 的 main()方法中,使用 foreachRDD()算子遍历 countAreaAdsStream,将每个城市中不同广告的点击次数持久化到 HBase 数据库的 adstream 表中,具体代码如下。

```
1   countAreaAdsStream.foreachRDD((
2                   VoidFunction<
3                           JavaPairRDD<
4                                   Tuple2<String, String>,
5                                   Integer>>
6                   ) countAreaAdsRDD ->
7                   countAreaAdsRDD
8                           .foreach(
9                                   (VoidFunction<
10                                          Tuple2<
11                                                  Tuple2<String, String>
12                                                  , Integer>>)
13                                          countAreaAdsTuple2 -> {
14              //获取广告 ID
15              String adid =countAreaAdsTuple2._1._2;
16              //获取城市名称
17              String city =countAreaAdsTuple2._1._1;
18              //获取广告在城市中的点击次数
19              int count =countAreaAdsTuple2._2;
20              HbaseUtils.putsOneToHBase("adstream",
21                      city+"_"+adid,
```

```
22                          "area_ads_count",
23                          "area",
24                          city);
25                  HbaseUtils.putsOneToHBase("adstream",
26                          city+"_"+adid,
27                          "area_ads_count",
28                          "ad",
29                          adid);
30                  HbaseUtils.putsOneToHBase("adstream",
31                          city+"_"+adid,
32                          "area_ads_count",
33                          "count",
34                          String.valueOf(count));
35              }));
```

上述代码中，第 20～24 行调用 HBase 数据库操作工具类的 putsOneToHBase()方法向表 adstream 中插入数据，插入的数据包括列名(area)、行键(city+"_"+adid)、列族(area_ads_count)以及城市值(city)。第 25～29 行调用 HBase 数据库操作工具类的 putsOneToHBase()方法向表 adstream 中插入数据，插入的数据包括列名(ad)、行键(city+"_"+adid)、列族(area_ads_count)以及广告 ID(adid)。第 30～34 行调用 HBase 数据库操作工具类的 putsOneToHBase()方法向表 adstream 中插入数据，插入的数据包括列名(count)、行键(city+"_"+adid)、列族(area_ads_count)以及广告点击次数(count)。

在文件 6-2 的 main()方法中，添加启动与关闭 Spark Streaming 连接等方法，具体代码如下。

```
1    jsc.start();
2    jsc.awaitTermination();
3    HbaseConnect.closeConnection();
4    jsc.close();
```

上述代码中，第 1 行调用 JavaStreamingContext 对象的 start()方法启动 Spark Streaming 程序，第 2 行调用 JavaStreamingContext 对象的 awaitTermination()方法等待计算结束，第 3 行调用数据库连接工具类 HbaseConnect 中的 closeConnection 方法关闭 HBase 数据库连接，第 4 行调用 JavaStreamingContext 对象的 close()方法关闭 Spark Streaming 连接。

6.5　运行程序

首先在虚拟机中启动大数据集群环境，然后参照 6.4.2 节的内容，在 IDEA 中启动 Kafka 生产者程序实时生产用户广告点击流数据，最后在 IDEA 中选中文件 AdsRealTime，右击在弹出的快捷菜单中选择 Run.AdsRealTime.main()，启动 Spark Streaming 程序进行用户广告点击流实时统计。

Kafka 生产者程序和 Spark Streaming 程序成功启动后，可在 IDEA 的控制台查看程序运行状态，具体如图 6-5 所示。

在图 6-5 中，MockRealTimeJava 和 AdsRealTimeJava 窗口分别代表运行的 Kafka 生

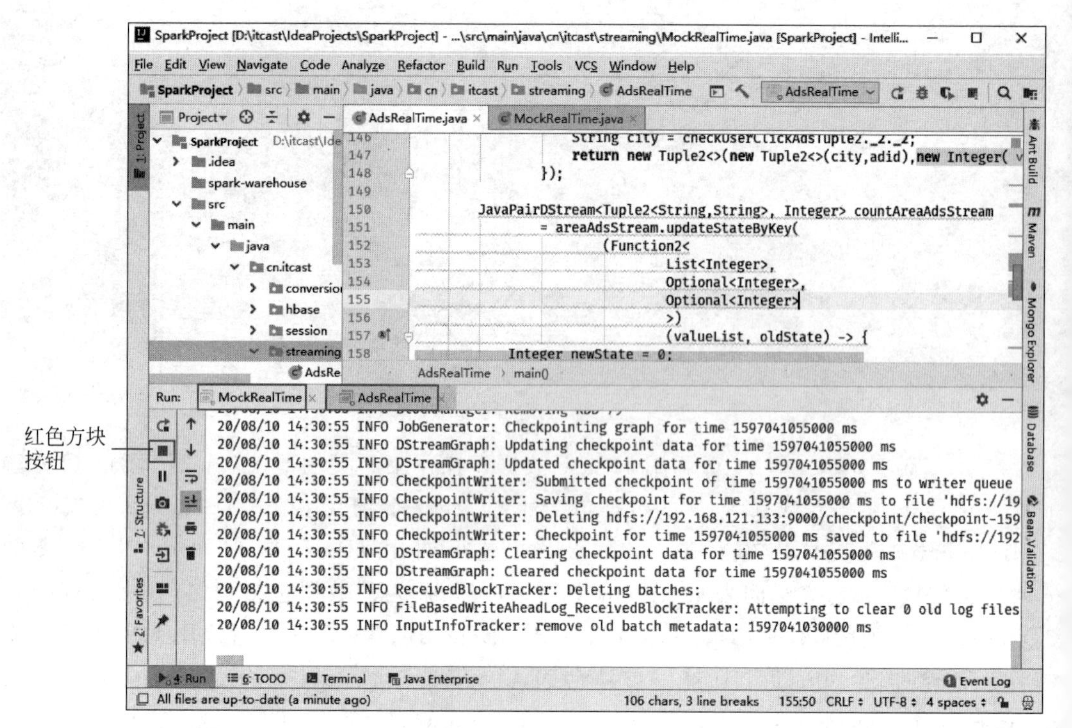

图 6-5 程序运行状态

产者程序和 Spark Streaming 程序，可通过单击对应窗口进行查看，若需要关闭程序可切换到对应程序的窗口单击左侧的红色方块按钮。

使用远程连接工具 SecureCRT 连接虚拟机 Spark01，执行 hbase shell 命令，进入 HBase 命令行工具，在 HBase 命令行工具中执行 scan 'adstream'命令，查看 HBase 数据库中表 adstream 的统计结果，表 adstream 的统计结果具体如图 6-6 所示。

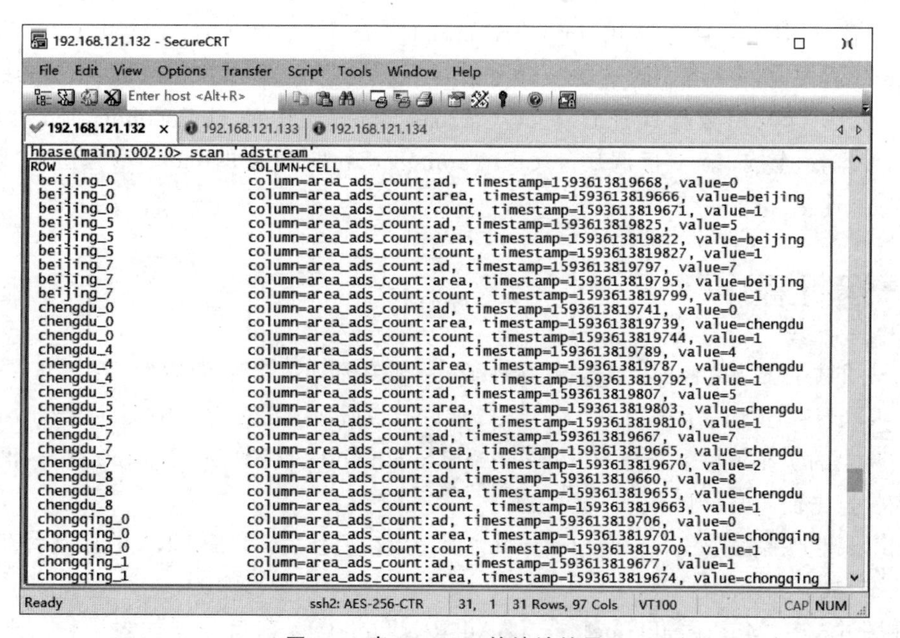

图 6-6 表 adstream 的统计结果

从图 6-6 可以看出，用户广告点击流实时统计结果成功插入 HBase 数据库的表 adstream 中，随着 Spark Streaming 程序的运行，表 adstream 中的数据会随之变化。

6.6 本章小结

本章主要讲解了如何通过用户广告点击流数据实现用户广告点击流实时统计，首先我们对数据集进行分析，使读者了解用户广告点击流的数据结构。接着通过实现思路分析，使读者了解广告点击流实时统计的实现流程。然后通过 IntelliJ IDEA 开发工具实现广告点击流实时统计程序并将统计结果实时存储到 HBase 数据库，使读者掌握运用 Java 语言编写 Spark Streaming、HBase 和 Kafka 生产者程序。最后在 IntelliJ IDEA 开发工具运行用户广告点击流实时统计程序，使读者了解 IntelliJ IDEA 开发工具运行程序的方法。

思政材料

第 7 章 数据可视化

学习目标

- 了解数据可视化系统架构。
- 掌握 Phoenix 集成 HBase。
- 熟悉建立 Phoenix 与 HBase 表映射。
- 了解 Spring Boot 项目的创建。
- 掌握 Java Web 项目中实体类的创建。
- 掌握 Java Web 项目中数据库访问接口的创建。
- 掌握 Java Web 项目中控制器类的创建。
- 熟悉 Java Web 项目中 HTML 页面的创建。
- 熟悉如何运行 Spring Boot 项目。

数据可视化是指将数据或信息表示为图形中的可视对象来传达数据或信息的技术，目标是清晰有效地向用户传达信息，以便用户可以轻松了解数据或信息中的复杂关系。用户可以通过图形中的可视对象直观地看到数据分析结果，从而更容易理解业务变化趋势或发现新的业务模式。数据可视化是数据分析中的一个重要步骤。本章详细讲解如何搭建数据可视化系统，展示本项目的分析结果数据。

7.1 系统概述

随着大数据时代的到来，寻求提高数据可读性的展现形式，降低用户的理解和决策的难度成为了一项重要工作，这时通过数据可视化提高数据可读性就显得尤为重要。本项目使用 ECharts 数据可视化工具基于 Java Web 平台实现数据可视化系统。

7.1.1 技术选取

本项目使用 Spring Boot 框架搭建 Java Web 项目实现数据可视化系统，通过 MyBatis 框架访问数据库数据。有关 Spring Boot 框架、MyBatis 框架以及数据可视化工具 ECharts 的介绍如下。

1. Spring Boot

Spring Boot 是由 Pivotal 团队提供的全新框架，其设计目的是简化 Spring 应用的初始搭建以及开发过程。

Spring Boot 本身并不具备 Spring 的核心特性以及扩展功能，而是用于快速、敏捷地开发新一代基于 Spring 的应用，并且在开发过程中大量使用“约定优先配置”（convention over configuration）的思想来摆脱 Spring 中各种复杂的手动配置，同时衍生出了 Java Config（取代传统 XML 配置文件的 Java 配置类）这种优秀的配置方式。也就是说，Spring Boot 并不是替代 Spring 的解决方案，而是和 Spring 紧密结合用于提升 Spring 开发者体验的工具，同时 Spring Boot 还集成了大量常用的第三方库配置（例如 Jackson、JDBC、Redis、Kafka、Hakira 等）。

使用 Spring Boot 开发程序时，几乎是开箱即用（out-of-the-box），大部分的 Spring Boot 应用都只需少量的配置，这一特性更能促使开发者专注于实现业务逻辑。

2. MyBatis

MyBatis 是一个开源的数据持久层框架，其内部封装了 JDBC 访问数据库的操作，支持普通的 SQL 查询、存储过程和高级映射。MyBatis 避免了几乎所有的 JDBC 代码、手动设置参数以及获取结果集的操作。MyBatis 通过简单的 XML 或者注解的方式进行配置和原始映射，将实体类映射成数据库中的记录，是一种半自动（因为 SQL 语句需要手动实现，所以是半自动）的 ORM（对象关系映射，是一种数据持久化技术）实现。

3. ECharts

ECharts 是一个使用 JavaScript 实现的开源可视化库，可以流畅地运行在 PC 和移动设备上，兼容市面上绝大部分浏览器，底层依赖矢量图形库 ZRender，提供直观、交互丰富和个性化定制的数据可视化图表。

ECharts 提供了多种丰富的可视化类型。其中包括常规的折线图、柱状图、散点图、饼图和 K 线图；用于统计的盒形图；用于地理数据可视化的地图、热力图和线图；用于关系数据可视化的关系图、treemap 和旭日图；用于多维数据可视化的平行坐标；用于 BI 的漏斗图和仪表盘。

MyBatis 是一个支持 SQL 查询的数据持久层框架，而项目所用到的 HBase 数据库是不支持 JDBC 访问和 SQL 语句查询的，这就导致搭建的数据可视化系统无法使用 MyBatis 框架访问 HBase 数据库。因此，需要借助 Apache Phoenix 查询引擎使得 HBase 支持通过 JDBC 的方式进行访问，并将 SQL 查询转换成 HBase 的相关操作，有关 Apache Phoenix 集成 HBase 的操作会在 7.2.2 节详细讲解。

7.1.2　系统架构

本次搭建的数据可视化系统分为离线数据可视化展示和实时数据可视化展示。其中离线数据主要来自热门品类 Top10 分析、各区域热门商品 Top3 分析和网站转化率统计结果；实时数据主要来自广告点击流实时统计结果，为了使读者更清晰地了解数据可视化系统的架构，下面通过两张图来描述本系统中离线数据可视化展示和实时数据可视化展示的架构，如图 7-1 和图 7-2 所示。

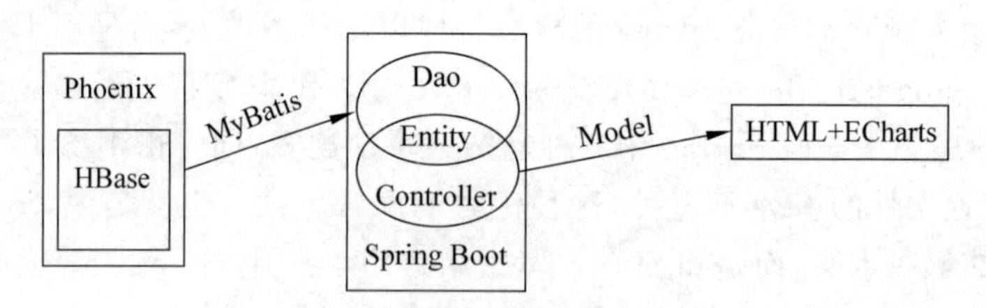

图 7-1 离线数据可视化展示架构

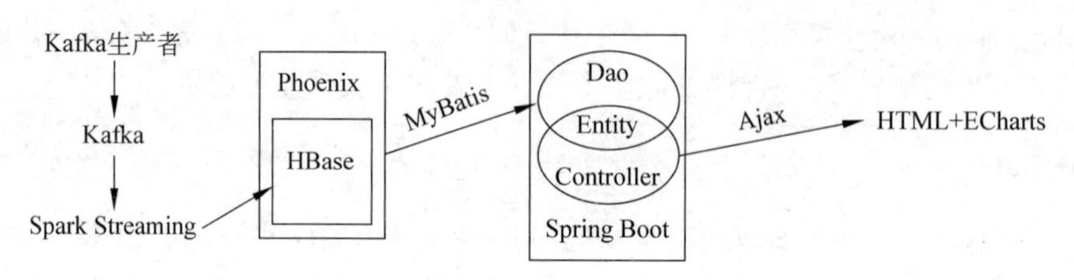

图 7-2 实时数据可视化展示架构

针对图 7-1 和图 7-2 中离线数据可视化展示和实时数据可视化展示这两个架构的实现过程讲解如下。

1. 离线数据可视化展示

(1) 在 Phoenix 中创建表,映射 HBase 数据库中已存在的数据表。

(2) 定义实体类 Entity,用于存放从数据库中获取的数据。

(3) 定义数据访问接口 Dao,用于访问数据库中的数据。

(4) 定义控制器类 Controller,用于实现接口获取数据库中的数据,通过 Model 对象向 HTML 传递数据。

(5) 定义 HTML 页面,读取 Model 对象中的数据并填充到 ECharts 模板中实现数据可视化。

2. 实时数据可视化展示

(1) 在 HBase 数据库中创建存储实时分析结果的数据表。

(2) 在 Phoenix 中创建表,映射 HBase 数据库中已存在的数据表。

(3) 启动 Kafka 生产者向 Kafka 写入数据。

(4) Spark Streaming 消费 Kafka 中的数据,并根据业务逻辑对数据进行处理,将处理结果存储到 HBase 数据库对应的表中。

(5) 定义实体类 Entity,用于存放从数据库中获取的数据。

(6) 定义数据访问接口 Dao,用于访问数据库中的数据。

(7) 定义控制器类 Controller,用于实现接口获取数据库中的数据以及响应 HTML 页面发送的 Ajax 请求并返回数据。

(8) 定义 HTML 页面,通过 Ajax 请求获取 Controller 返回的数据并填充到 ECharts 模板中实现数据可视化。

7.2　数据表设计与实现

数据库中的表存储了数据可视化系统相关数据，包括热门品类 Top10 分析结果数据、各区域热门商品 Top3 分析结果数据、页面单跳转化率统计数据和用户广告点击流实时统计数据，这些表是实现数据可视化系统的基础。本节介绍数据可视化系统的数据库中表的设计与实现。

7.2.1　数据表介绍

本项目的数据可视化系统共需要 4 张表，即热门品类 Top10 分析结果表(user_session_top10)、各区域热门商品 Top3 分析结果表(user_session_top3)、页面单跳转化率统计表(conversion)和用户广告点击流实时统计表(adstream)，这 4 张表的表结构如表 7-1～表 7-4 所示。

表 7-1　热门品类 Top10 分析结果表(user_session_top10)

字段名称	数据类型	相关说明
ROW	varchar	主键(对应 HBase 表中的 RowKey)
cartcount	varchar	品类中商品被加入购物车的总次数
category_id	varchar	品类 ID
purchasecount	varchar	品类中商品被购买的总次数
viewcount	varchar	品类中商品被查看的总次数

表 7-2　各区域热门商品 Top3 分析结果表(user_session_top3)

字段名称	数据类型	相关说明
ROW	varchar	主键(对应 HBase 表中的 RowKey)
product_id	varchar	商品 ID
viewcount	varchar	商品被查看的总次数
area	varchar	区域名称

表 7-3　页面单跳转化率统计表(conversion)

字段名称	数据类型	相关说明
ROW	varchar	主键(对应 HBase 表中的 RowKey)
convert_page	varchar	转换页面(网页切片)
convert_rage	varchar	转换率

表 7-4 用户广告点击流实时统计表 adstream

字段名称	数据类型	相关说明
ROW	varchar	主键(对应 HBase 表中的 RowKey)
area	varchar	城市名称
count	varchar	广告点击次数
ad	varchar	广告 ID

7.2.2 Phoenix 集成 HBase

Phoenix 最早是 Salesforce 的一个开源项目,后来成为 Apache 基金的顶级项目。Phoenix 是构建在 HBase 上的一个 SQL 层,可以通过标椎的 JDBC API 而不是 HBase 客户端 API 来操作 HBase 数据库。

Phoenix 查询引擎将 SQL 查询编译为一系列 HBase 扫描,并编排这些扫描以生成标准的 JDBC 结果集。接下来,详细讲解如何在虚拟机 Spark01 中安装 Phoenix 并集成 HBase,具体操作步骤如下。

1. 下载 Phoenix 安装包

访问 Phoenix 官网下载 Linux 操作系统的 Phoenix 安装包 apache-phoenix-4.14.1-HBase-1.2-bin.tar.gz,这里需要注意的是在选择 Phoenix 安装包时,存在 Phoenix 与 HBase 的版本兼容性问题,可通过 Phoenix 安装包名称进行判断,如选择的安装包为 apache-phoenix-4.14.1-HBase-1.2-bin.tar.gz,则此安装包对应的 Phoenix 版本为 4.14.1,HBase 的版本为 1.2。

2. 上传 Phoenix 安装包

使用 SecureCRT 远程连接工具连接虚拟机 Spark01,在存放应用安装包的目录 /export/software/下执行 rz 命令上传 Phoenix 安装包。

3. 安装 Phoenix

通过解压缩的方式安装 Phoenix,将 Phoenix 安装到存放应用的目录/export/servers/下,具体命令如下。

```
$ tar -zxvf /export/software/apache-phoenix-4.14.1-HBase-1.2-bin.tar.gz -C /export/
servers/
```

4. Phoenix 集成 HBase

首先,进入 Phoenix 安装目录,将 phoenix-core-4.14.1-HBase-1.2.jar 和 phoenix-4.14.1-HBase-1.2-client.jar 复制到 HBase 安装目录的 lib 目录下,具体命令如下。

```
$cd /export/servers/apache-phoenix-4.14.1-HBase-1.2-bin/
$cp {phoenix-core-4.14.1-HBase-1.2.jar,phoenix-4.14.1-HBase-1.2-client.jar} /export/
servers/hbase-1.2.1/lib/
```

接下来，执行 stop-hbase.sh 命令关闭 HBase 集群，进入 HBase 安装目录下的 conf 目录，执行 vi hbase-site.xml 命令编辑 hbase-site.xml 文件，添加命名空间映射配置，具体命令如下。

```
<property>
      <name>phoenix.schema.isNamespaceMappingEnabled</name>
      <value>true</value>
</property>
<property>
      <name>phoenix.schema.mapSystemTablesToNamespace</name>
      <value>true</value>
</property>
```

然后，将虚拟机 Spark01 中的 HBase 安装目录分发到集群中的其他两台虚拟机 Spark02 和 Spark03，具体命令如下。

```
$ scp -r /export/servers/hbase-1.2.1/ root@spark02:/export/servers/
$ scp -r /export/servers/hbase-1.2.1/ root@spark03:/export/servers/
```

最后，执行 start-hbase.sh 命令开启 HBase 集群，进入 HBase 安装目录下的 conf 目录，将 hbase-site.xml 文件复制到 Phoenix 安装目录下的 bin 目录，具体命令如下。

```
$ cp hbase-site.xml
/export/servers/apache-phoenix-4.14.1-HBase-1.2-bin/bin/
```

执行复制命令时，系统会提示是否覆盖(overwrite)Phoenix 的 bin 目录下已存在的 hbase-site.xml 文件，此时输入 yes 即可。

小提示：在启动 HBase 集群前应确保 Hadoop 和 ZooKeeper 集群正常启动，且保证集群各服务间时间一致，若出现时间不一致情况，则需要在各服务器执行 systemctl restart chronyd 命令重启 chronyd 服务进行时间同步。

7.2.3 建立 Phoenix 与 HBase 表映射

Phoenix 提供3种操作方式，即命令行界面、JDBC 和 Squirrel。其中命令行界面是 Phoenix 默认提供的交互工具 sqlline；JDBC 是 Java 语言中用来规范客户端程序如何访问数据库的应用程序接口；Squirrel 是 Phoenix 的客户端工具提供可视化操作窗口。为了便于使用，本节主要使用 Phoenix 默认提供的交互工具 sqlline 操作 Phoenix，建立 Phoenix 与 HBase 表映射，具体操作步骤如下。

1. 连接 Phoenix

在 Phoenix 安装目录的 bin 目录中存在 Python 脚本文件 sqlline.py 用于启动 sqlline，

在启动 sqlline 时需要输入 Zookeeper 集群地址及端口号连接 Phoenix，进入 Phoenix 安装目录并启动 sqlline 的命令如下。

```
#进入 Phoenix 安装目录
$ cd /export/servers/apache-phoenix-4.14.1-HBase-1.2-bin
#启动 sqlline
$ bin/sqlline.py spark01,spark02,spark03:2181
```

启动 sqlline 命令执行完成后，若启动信息中出现 Connected to: Phoenix (version 4.14)内容，则证明使用 sqlline 成功连接 Phoenix，如图 7-3 所示。

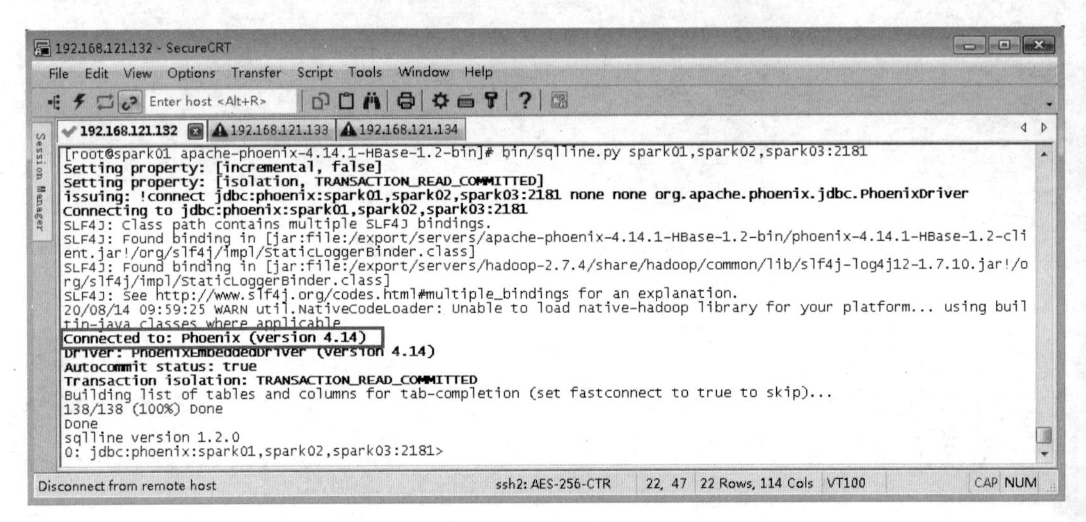

图 7-3　使用 sqlline 成功连接 Phoenix

2. 查看 Phoenix 表及视图

在 sqlline 中执行!table 命令查看 Phoenix 表及视图，具体效果如图 7-4 所示。

```
0: jdbc:phoenix:spark01,spark02,spark03:2181> !table
```

TABLE_CAT	TABLE_SCHEM	TABLE_NAME	TABLE_TYPE	REMARKS	TYPE_NAME	SELF_REFERENCING_COL_NAME
	SYSTEM	CATALOG	SYSTEM TABLE			
	SYSTEM	FUNCTION	SYSTEM TABLE			
	SYSTEM	LOG	SYSTEM TABLE			
	SYSTEM	SEQUENCE	SYSTEM TABLE			
	SYSTEM	STATS	SYSTEM TABLE			

```
0: jdbc:phoenix:spark01,spark02,spark03:2181>
```

图 7-4　查看 Phoenix 表及视图

在图 7-4 中，TABLE_SCHEM 表示数据表所在的命名空间名称；TABLE_NAME 表示数据表名称；TABLE_TYPE 表示数据表类型，其中 SYSTEM TABLE 表示系统表。

3. 建立表映射

从图7-4可以看出Phoenix中并没有HBase数据库中已经存在的表，如表top10、top3或者conversion等。这是因为Phoenix无法自动识别HBase数据库中已存在的表，所以需要手动在Phoenix中通过CREATE语句进行映射操作，将HBase数据库中已经存在的表映射到Phoenix中。

接下来，通过CREATE语句在Phoenix中创建表top10、top3、conversion和adstream，建立这4张表与HBase数据库中对应表的映射，具体操作过程如下。

（1）创建表top10，具体命令如下。

```
> create table "top10"
> (
> "ROW" varchar primary key,
> "top10_category"."cartcount" varchar,
> "top10_category"."category_id" varchar ,
> "top10_category"."purchasecount" varchar ,
> "top10_category"."viewcount" varchar
> ) column_encoded_bytes=0;
```

（2）创建表top3，具体命令如下。

```
> create table "top3"
> (
> "ROW" varchar primary key,
> "top3_area_product"."product_id" varchar,
> "top3_area_product"."viewcount" varchar,
> "top3_area_product"."area" varchar
> ) column_encoded_bytes=0;
```

（3）创建表conversion，具体命令如下。

```
> create table "conversion"
> (
> "ROW" varchar primary key,
> "page_conversion"."convert_page" varchar,
> "page_conversion"."convert_rage" varchar
> ) column_encoded_bytes=0;
```

（4）创建表adstream，具体命令如下。

```
> create table "adstream"
> (
> "ROW" varchar primary key,
> "area_ads_count"."area" varchar,
> "area_ads_count"."count" varchar,
> "area_ads_count"."ad" varchar
> ) column_encoded_bytes=0;
```

这里以创建表 adstream 命令为例进行讲解。

- create table "adstream"一行表示创建表 adstream。
- "ROW" varchar primary key 一行表示创建主键 ROW，指定字段类型为 varchar。ROW 与 HBase 数据表中的行键相对应。
- "area_ads_count"."area" varchar 一行表示创建字段 area，指定字段类型为 varchar。Phoenix 数据表将 HBase 数据表中列族的列作为字段。
- column_encoded_bytes=0 一行表示 Phoenix 对 HBase 数据表的列不进行编码，避免出现 Phoenix 数据表中没有数据的情况。

小提示：Phoenix 的命令区分大小写，如果不加双引号，则默认为大写，因此在 Phoenix 中执行创建表的命令时需要在表名、列族名和列名处添加双引号。

脚下留心：删除表操作

若在 Phoenix 中执行删除表操作，则 HBase 中具有映射关系的表也会一同被删除，导致数据丢失。如果 Phoenix 中创建的映射表只是用于查询操作，则建议使用创建视图的方式建立映射，建立视图映射的方式与建立表映射的方式一致，这里以建立视图 adstream 的映射为例，具体命令如下。

```
> create view "adstream"
> (
> "ROW" varchar primary key,
> "area_ads_count"."area" varchar,
> "area_ads_count"."count" varchar,
> "area_ads_count"."ad" varchar
> );
```

如果想要删除 Phoenix 中的表，又不想在删除 Phoenix 表的同时删除 HBase 中的映射表，造成数据的丢失，那么可以在 Phoenix 中执行删除表操作前，在 HBase 中创建映射表的快照，具体语法格式如下。

```
#关闭表
disable '映射表'
#创建快照
snapshot '映射表', '快照名称'
```

在 Phoenix 中执行删除表操作后，在 HBase 中通过创建的快照恢复映射表，具体语法格式如下。

```
#查询所有快照
list_snapshots
#克隆快照赋予新的表
clone_snapshot '快照名称', '映射表'
```

7.3　创建 Spring Boot 项目

由于本项目将基于 Spring Boot 框架搭建 Java Web 项目实现数据可视化系统，所以首要任务是通过 IntelliJ IDEA 开发工具创建 Spring Boot 项目。下面详细讲解如何通过 IntelliJ IDEA 开发工具创建 Spring Boot 项目，并配置项目依赖及全局配置文件，具体操作步骤如下。

1. 创建项目

打开 IntelliJ IDEA 开发工具，使用 Spring Initializr 初始化 Spring Boot 项目，构建 Spring Boot 项目结构，具体如图 7-5 所示。

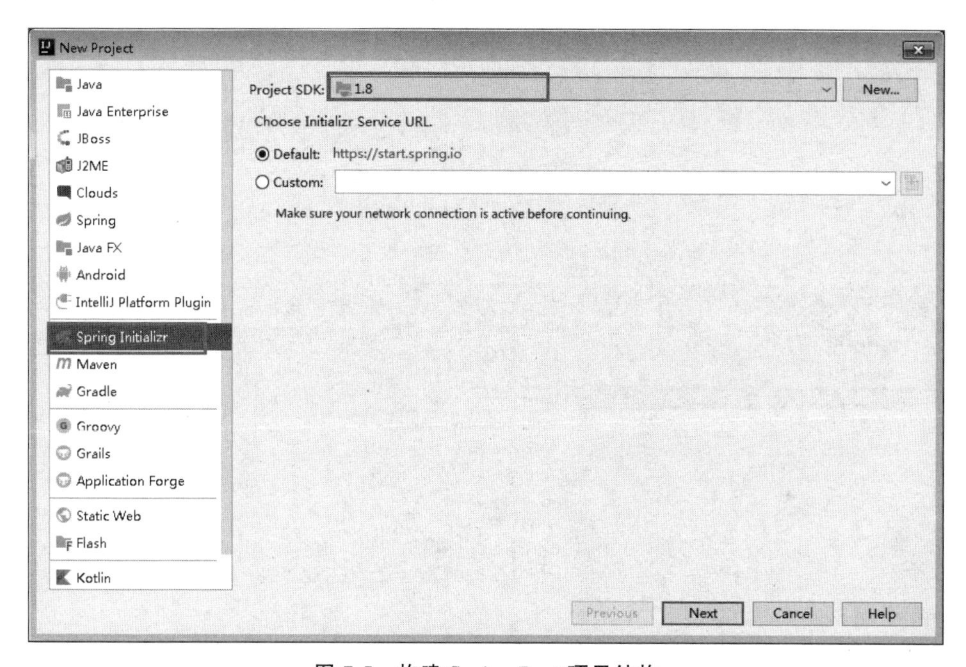

图 7-5　构建 Spring Boot 项目结构

在图 7-5 中的 Project SDK 选择项目使用的 JDK 版本，本项目使用的 JDK 版本为 1.8。单击 Next 按钮进入 Project Metadata 界面配置项目基本信息，包括 Group(项目组织唯一示识符)、Artifact(项目唯一的标识符)和 Java Version(JDK 版本)，如图 7-6 所示。

在图 7-6 中，将 Group 设置为 cn.itcast，将 Artifact 设置为 sparkweb，修改 Java Version 为 8。

在图 7-6 中，单击 Next 按钮进入 Dependencies 界面设置项目依赖关系，具体如图 7-7 所示。

在图 7-7 中，勾选 Spring Web 选项用于添加 Spring Web 依赖，在 Spring Boot 下拉框上选择使用的 Spring Boot 版本，本项目使用的 Spring Boot 版本为 2.3.3。

在图 7-7 中，单击 Next 按钮设置 Project name(项目名称)和 Project location(项目目录)，具体如图 7-8 所示。

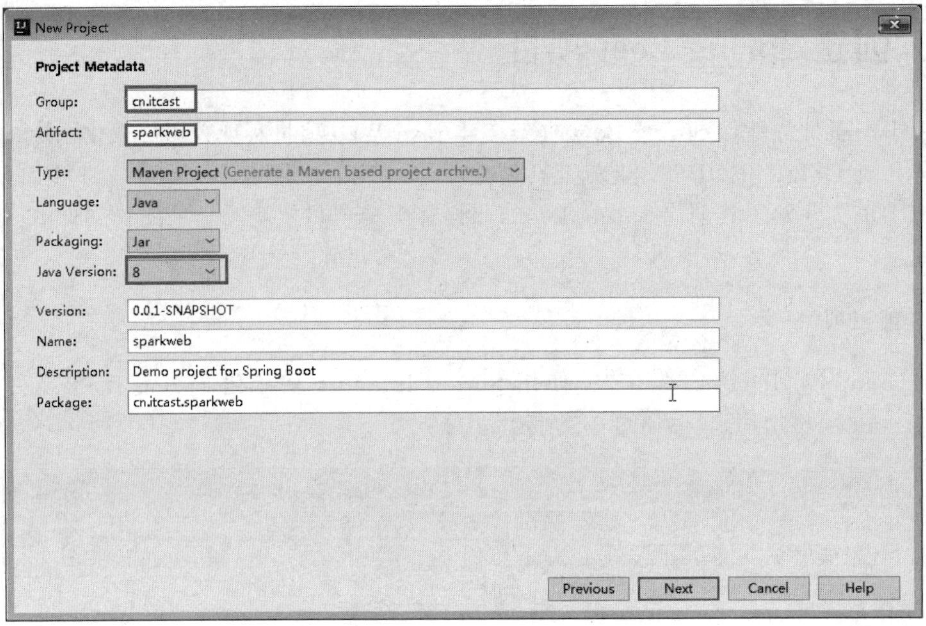

图 7-6　配置项目基本信息

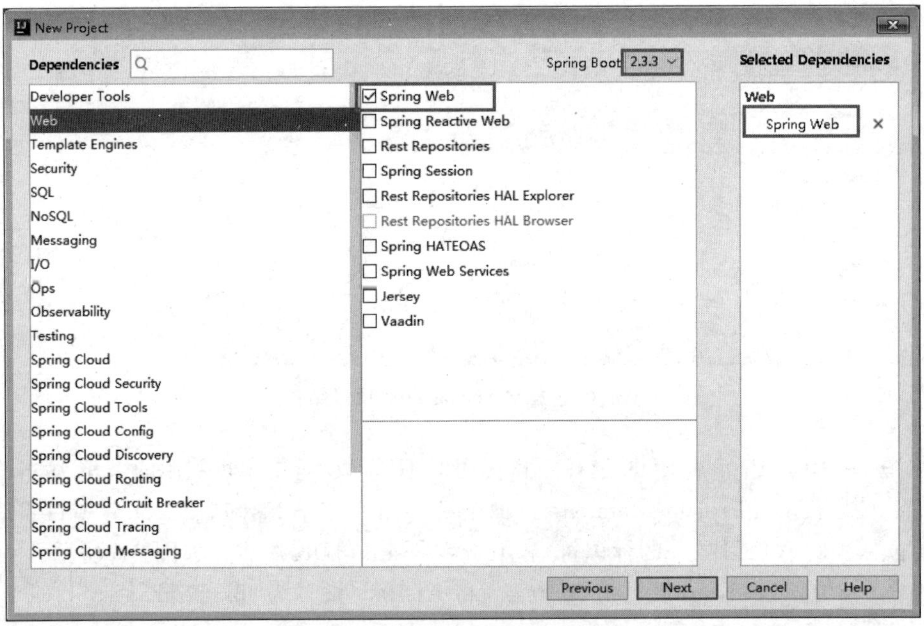

图 7-7　设置项目依赖关系

在图 7-8 中，设置 Project name 为 sparkweb，设置 Project location 为 D:\itcast\IdeaProjects\sparkweb。

在图 7-8 中，单击 Finish 按钮创建项目，具体如图 7-9 所示。

从图 7-9 可以看出，项目创建完成后会自动进行初始化操作，下载 Maven 插件及相关依赖。项目初始化完成后的目录结构如图 7-10 所示。

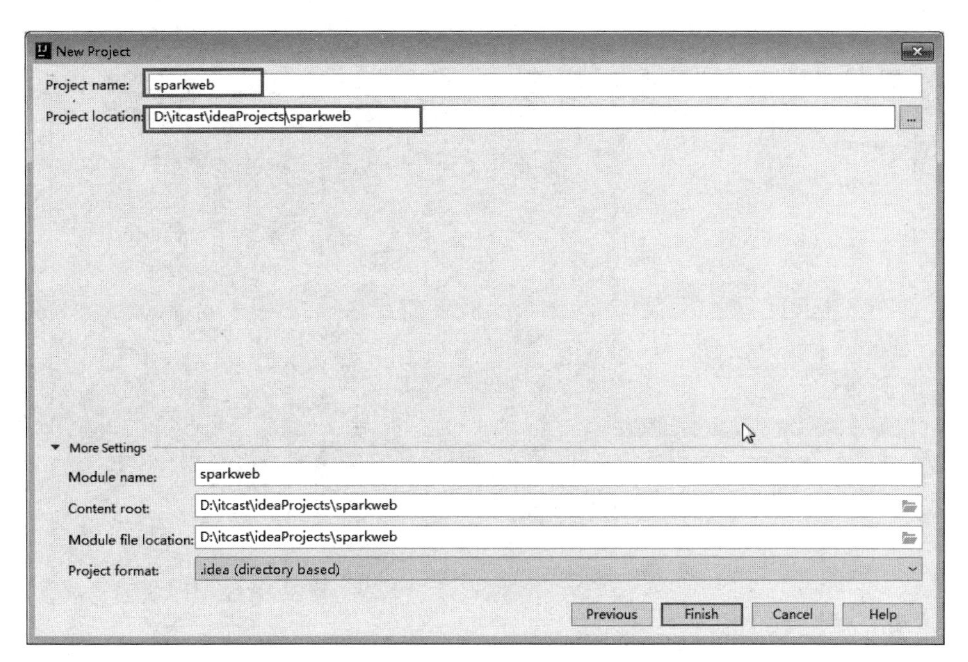

图 7-8　设置 Project name（项目名称）和 Project location（项目目录）

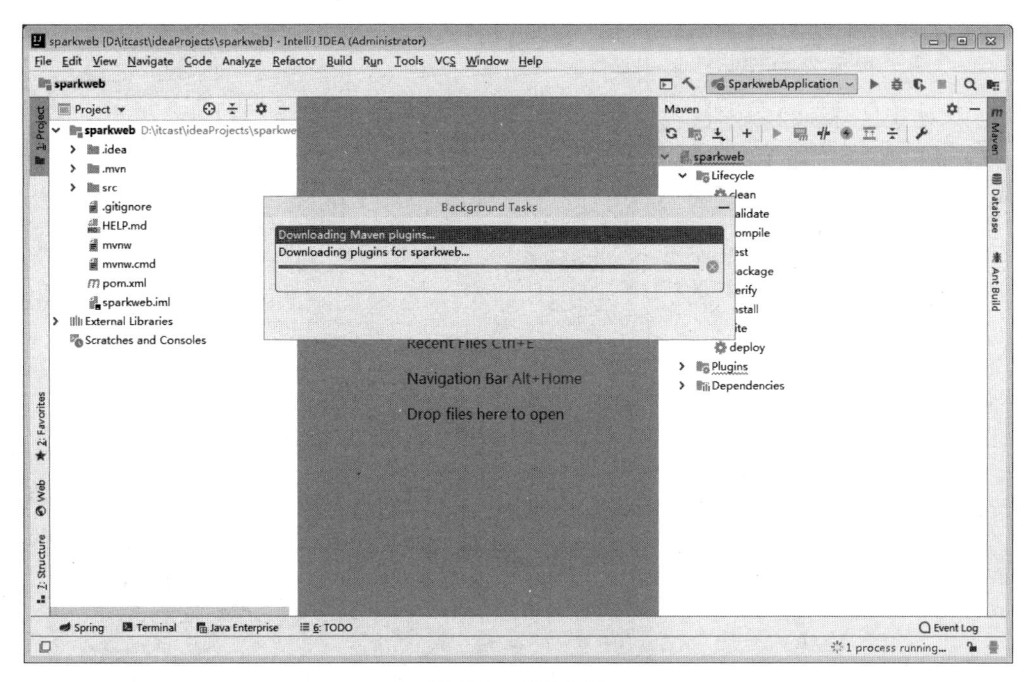

图 7-9　创建项目

从图 7-10 可以看出，使用 Spring Initializr 初始化 Spring Boot 项目默认会生成项目启动类（SparkwebApplication）、静态资源文件夹（static）、模板页面文件夹（templates）、项目全局配置文件（application.properties）以及测试类（SparkwebApplicationTests）。

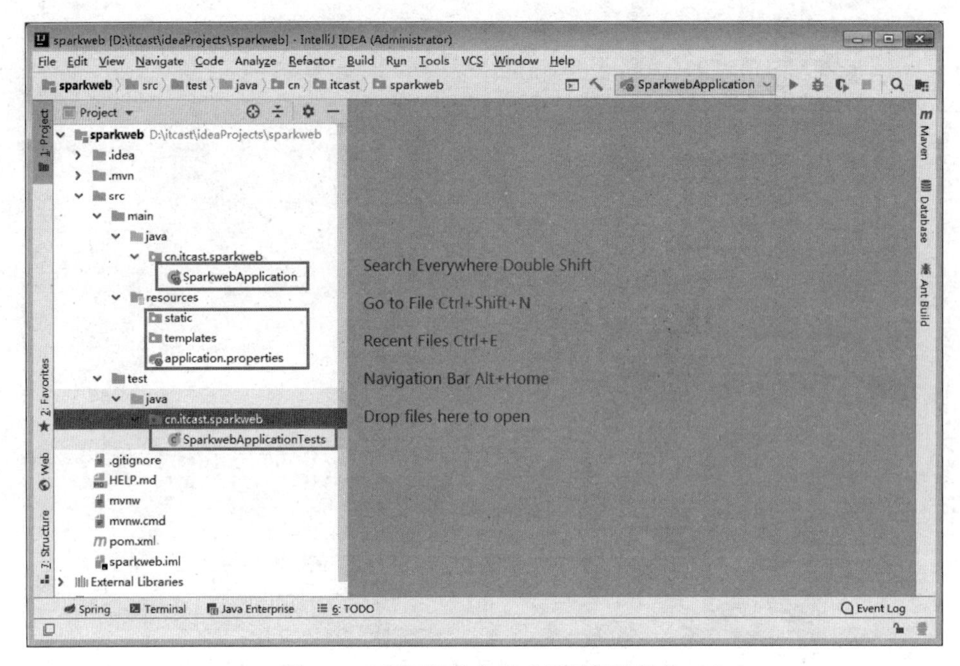

图 7-10 项目初始化完成后的目录结构

2. 调整项目目录结构

为了便于区分项目中不同类的功能，这里对项目默认的目录结构进行调整，在包 cn.itcast.sparkweb 下创建用于存放控制器类的包 controller、存放数据访问接口的包 dao 和存放实体类的包 entity，调整完成后的项目目录结构如图 7-11 所示。

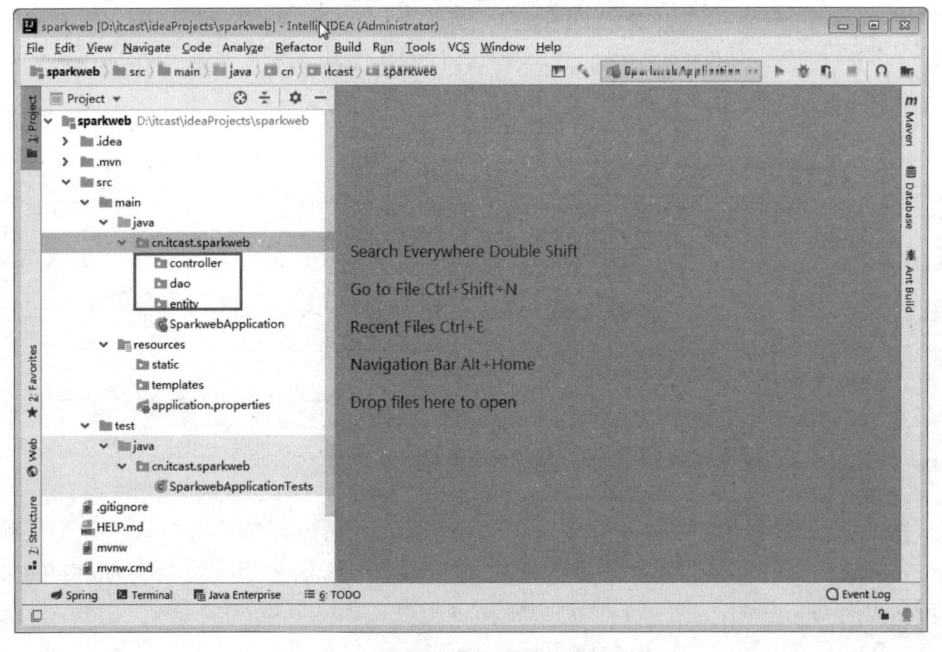

图 7-11 调整完成后的项目目录结构

3. 配置项目依赖

本项目所需要的依赖包括 Thymeleaf、Tomcat、Phoenix、MyBatis 和 Joda-Time。其中 Thymeleaf 是模板引擎，用于 Java Web 应用程序开发；Tomcat 是 Web 容器，用于运行 Java Web 应用程序；Phoenix 用于在项目中通过 Java API 操作 Phoenix；MyBatis 用于在项目中使用 MyBatis 框架；Joda-Time 是 Java 日期时间处理库。

需要在文件 pom.xml 的＜dependencies＞标签中添加本项目所需要的依赖，具体代码如文件 7-1 所示。

文件 7-1　pom.xml 文件

```
1   <!--Thymeleaf 依赖-->
2   <dependency>
3         <groupId>org.springframework.boot</groupId>
4         <artifactId>spring-boot-starter-thymeleaf</artifactId>
5   </dependency>
6   <!--Tomcat 依赖-->
7   <dependency>
8         <groupId>org.springframework.boot</groupId>
9         <artifactId>spring-boot-starter-tomcat</artifactId>
10        <scope>provided</scope>
11  </dependency>
12  <!--Phoenix 依赖-->
13  <dependency>
14        <groupId>org.apache.phoenix</groupId>
15        <artifactId>phoenix-core</artifactId>
16        <version>4.14.1-HBase-1.2</version>
17  </dependency>
18  <!--MyBatis 依赖-->
19  <dependency>
20        <groupId>org.mybatis.spring.boot</groupId>
21        <artifactId>mybatis-spring-boot-starter</artifactId>
22        <version>2.0.1</version>
23  </dependency>
24  <!--Joda-Time 依赖-->
25  <dependency>
26        <groupId>joda-time</groupId>
27        <artifactId>joda-time</artifactId>
28        <version>2.10.5</version>
29  </dependency>
```

在文件 pom.xml 中添加依赖后，按下 Ctrl+S 组合键保存文件 pom.xml，此时 IntelliJ IDEA 会自动下载文件 pom.xml 中添加的依赖。依赖下载完成后，可以单击 IntelliJ IDEA 右侧的 Maven 选项卡查看下载的依赖包，如图 7-12 所示。

4. 配置项目全局配置文件

由于本项目需要使用 Thymeleaf 模板引擎并且需要连接 Phoenix 读取数据，所以需要

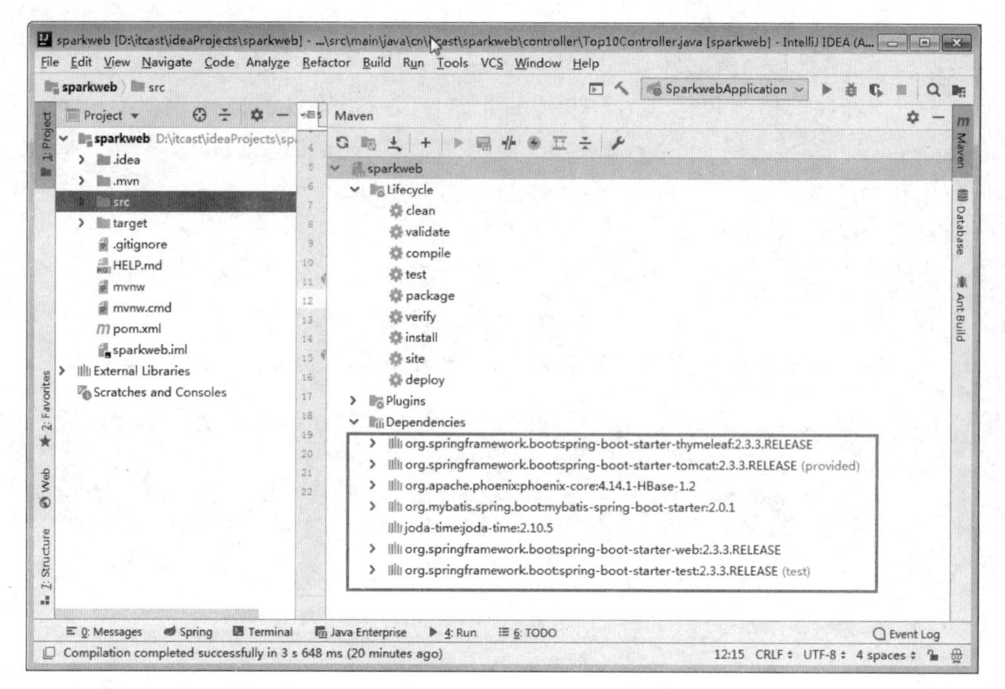

图 7-12　查看下载的依赖包

找到项目中的 resources 目录，在该目录下的全局配置文件 application.properties 中进行一些具体的配置，application.properties 文件中需要添加的配置内容如文件 7-2 所示。

文件 7-2　application.properties

```
#设置连接 Phoenix 的 JDBC 驱动器
spring.datasource.driver-class-name=
                                        org.apache.phoenix.jdbc.PhoenixDriver
#设置 Phoenix 连接地址及端口号
spring.datasource.url=
     jdbc:phoenix:192.168.121.132,192.168.121.133,192.168.121.134:2181
#设置 Thymeleaf 模板路径
spring.thymeleaf.prefix=classpath:/templates/
#设置 Thymeleaf 模板后缀名
spring.thymeleaf.suffix=.html
```

7.4　实现热门品类 Top10 数据可视化

第 3 章获取了热门品类 Top10 的分析结果数据，为了提高这些数据的可读性，本节使用 ECharts 柱状图对其进行可视化展示。

7.4.1　创建实体类 Top10Entity

为了便于热门品类 Top10 分析结果数据的传递，在项目的 entity 包中创建实体类 Top10Entity，存储 Phoenix 中表 top10 的数据，具体代码如文件 7-3 所示。

文件 7-3 **Top10Entity.java**

```
1   public class Top10Entity {
2       //加入购物车次数
3       private String cartcount;
4       //品类 ID
5       private String category_id;
6       //购买次数
7       private String purchasecount;
8       //查看次数
9       private String viewcount;
10      //实现属性的 getter/setter 方法
11      ⋮
12  }
```

需要注意的是，文件 7-3 中定义的属性名称需要与表 top10 的字段名称保持一致。

7.4.2 创建数据库访问接口 Top10Dao

在项目的 dao 包中创建一个数据库访问接口 Top10Dao，读取 Phoenix 中表 top10 的数据，具体代码如文件 7-4 所示。

文件 7-4 **Top10Dao.java**

```
1   import cn.itcast.sparkweb.entity.Top10Entity;
2   import org.apache.ibatis.annotations.Mapper;
3   import org.apache.ibatis.annotations.Select;
4   import java.util.List;
5   //Mapper 注解是 MyBatis 框架中定义的数据层接口，用于标记接口 Top10Dao 为映射接口
6   @Mapper
7   public interface Top10Dao {
8       //Select 注解用于指定查询操作的 SQL 语句
9       @Select("select \"cartcount\",\"category_idv\"," +
10              "\"purchasecount\",\"viewcount\" from \"top10\"")
11      List<Top10Entity> getTop10();
12  }
```

在文件 7-4 中，第 11 行代码在接口 Top10Dao 中定义方法 getTop10()，该方法的返回值为集合 List，并且集合 List 的泛型为实体类 Top10Entity。getTop10()方法用于在 List 集合中存储表 top10 的数据。

7.4.3 创建控制器类 Top10Controller

在项目的 controller 包中创建控制器类 Top10Controller，用于实现接口 Top10Dao 中的方法 getTop10()读取表 top10 的数据，通过 Model 对象向 HTML 传递数据，具体代码如文件 7-5 所示。

文件 7-5 **Top10Controller.java**

```
1  import cn.itcast.sparkweb.dao.Top10Dao;
2  import cn.itcast.sparkweb.entity.Top10Entity;
3  import org.springframework.beans.factory.annotation.Autowired;
4  import org.springframework.stereotype.Controller;
5  import org.springframework.ui.Model;
6  import org.springframework.web.bind.annotation.RequestMapping;
7  import java.util.List;
8  //Controller 注解处理 HTTP 请求,将类中方法的返回值识别为模板页面文件夹中的 HTML 文件名
9  @Controller
10 public class Top10Controller {
11     //Autowired 注解用于声明类的属性,属性类型为接口(Top10Dao)类型
12     @Autowired
13     private Top10Dao top10Dao;
14     //RequestMapping 注解用于处理 URL 请求,将 URL 请求映射到方法中
15     @RequestMapping(value ="/top10",produces ="text/html;charset=utf-8")
16     public String top10(Model model) {
17         List<Top10Entity> top10 =top10Dao.getTop10();
18         model.addAttribute("top10",top10);
19         return  "top10";
20     }
21 }
```

在文件 7-5 中,top10()方法用于实现接口 Top10Dao 中的方法 getTop10()读取表 top10 的数据,通过 Model 对象的 addAttribute()方法向 HTML 页面传递数据。addAttribute()方法传递了两个参数:其中第 1 个参数为 top10,表示 HTML 页面获取数据的参数;第 2 个参数为 top10,表示存储表 top10 数据的集合 top10。top10()方法的返回值 top10 表示 HTML 页面名称,此时需要在项目的 templates 目录下创建一个名称为 top10 的 HTML 文件。

多学一招:Could not autowire. No beans of 'xxx' type found.

若在 Top10Controller 中的接口上添加 Autowired 注解时,程序报错,报错的内容为"Could not autowire. No beans of 'Top10Dao' type found.",这是 IntelliJ IDEA 内置的检查工具所致,并不影响程序的启动和编译,若想要消除此问题,可参照图 7-13 进行修改。

7.4.4 创建 HTML 文件 top10.html

为了显示热门品类 Top10 数据,需要在项目中的 templates 目录下创建 HTML 文件 top10.html,在该文件中通过 jQuery 获取 Model 对象传递到 HTML 的热门品类 Top10 的数据,并将获取到的数据填充到 ECharts 柱状图模板中,实现热门品类 Top10 数据的可视化展示,具体代码如文件 7-6 所示。

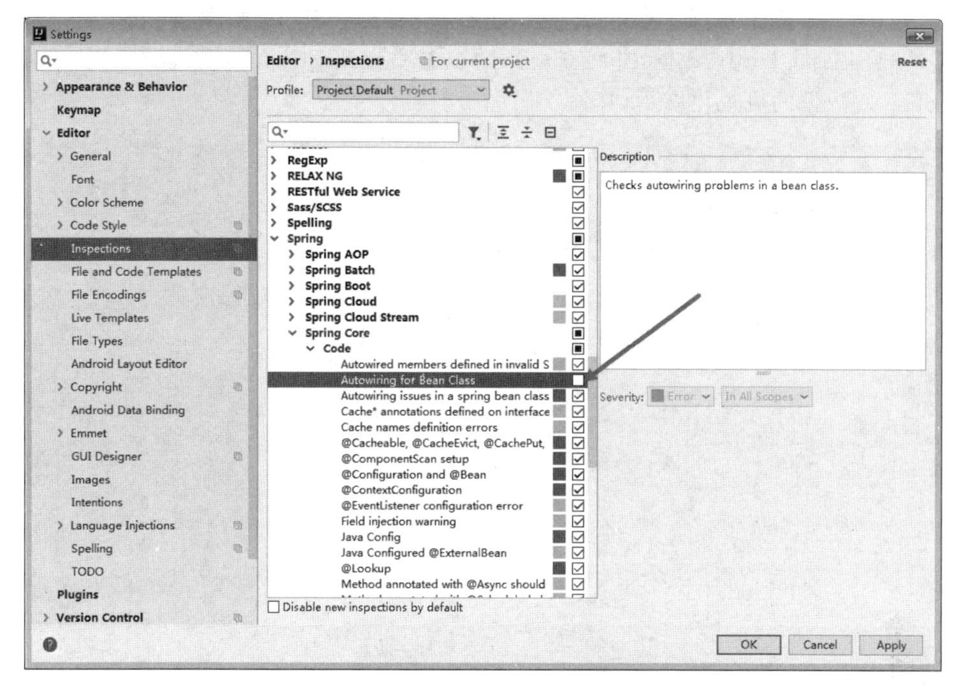

图 7-13　修改 IntelliJ IDEA 内置的检查工具

文件 7-6　top10.html

```
1   <!DOCTYPE html>
2   <html lang="en">
3   <head>
4       <meta charset="UTF-8">
5       <title>Title</title>
6   </head>
7   <body>
8   </body>
9   </html>
```

在<html>标签中引入依赖 Thymeleaf，具体代码如下：

```
<html lang="en" xmlns:th="http://www.thymeleaf.org">
```

在<head>标签中通过在线的方式引入依赖 jQuery 和 ECharts，并修改<title>标签中的内容为 top10，具体内容如下：

```
1   <head>
2       <meta charset="UTF-8">
3       <title>top10</title>
4       <script src="https://apps.bdimg.com/libs/jquery/2.1.4/jquery.min.js">
5       </script>
6       <script src="https://cdn.staticfile.org/echarts/4.3.0/echarts.min.js">
7       </script>
8   </head>
```

在<body>标签中定义 ECharts 柱状图模板,通过 jQuery 获取 Model 对象传递到 HTML 的热门品类 Top10 数据,并将获取到的数据填充到 ECharts 柱状图模板中,实现热门品类 Top10 数据的可视化展示,具体代码如下。

```
1   <body>
2   <h1>热门品类 Top10</h1>
3   <!--定义 ID 为 main 的<div />标签作为存放 ECharts 柱状图的容器-->
4   <div id="main" style="width: 1000px;height: 800px;"></div>
5   <script th:inline="javascript">
6   $ (function(){
7       //在 ID 为 main 的标签中初始化 ECharts 实例
8       var myChart =echarts.init(document.getElementById('main'));
9       //获取 Model 对象传递到 HTML 的热门品类 Top10 数据
10      var top10 = [[$ {top10}]];
11      var top10_options = [];
12      //指定 ECharts 柱状图模板的配置
13      myChart.setOption({
14          legend: {},
15          tooltip: {},
16          dataset: {
17              source: []
18          },
19          xAxis: {
20              type: 'category',
21              axisLabel: {
22                  interval: 0,
23                  rotate: 15,
24                  textStyle: {
25                      color: '#000',
26                      fontSize: 12
27                  }
28              }
29          },
30          yAxis: {},
31          series: [
32              {type: 'bar'},
33              {type: 'bar'},
34              {type: 'bar'}
35          ]
36      });
37      //显示 ECharts 柱状图模板的加载提示
38      myChart.showLoading();
39      //向数组 top10_options 中插入一条数据,这条数据为数组类型,包含 4 个值
40      top10_options.push(["category_id",
41                          "viewcount",
42                          "cartcount",
43                          "purchasecount"]);
44      //遍历热门品类 Top10 数据,将每一条数据以数组的形式插入数组 top10_options
45      $ .each(top10,function (index,value) {
```

```
46              top10_options.push([value.category_id,
47                                  parseInt(value.viewcount),
48                                  parseInt(value.cartcount),
49                                  parseInt(value.purchasecount)]);
50          })
51          //隐藏 ECharts 柱状图模板的加载提示
52          myChart.hideLoading();
53          //指定 ECharts 柱状图模板的数据为数组 top10_options
54          myChart.setOption({
55              dataset: {
56                  source: top10_options
57              }
58          });
59      });
60      </script>
61      </body>
```

7.4.5　运行项目实现热门品类 Top10 数据可视化

为了避免 JDBC 无法操作 Phoenix 的问题，在运行项目前需要在项目的 resources 目录下创建 Hbase-site.xml 文件，在文件中添加开启命名空间和支持二级索引配置，具体配置内容如文件 7-7 所示。

文件 7-7　Hbase-site.xml

```
<?xml version="1.0"?>
<?xml-stylesheet type="text/xsl" href="configuration.xsl"?>
<configuration>
<property>
    <name>phoenix.schema.isNamespaceMappingEnabled</name>
    <value>true</value>
    <description>开启命名空间</description>
</property>
<property>
    <name>hbase.regionserver.wal.codec</name>
<value>org.apache.hadoop.hbase.regionserver.wal.IndexedWALEditCodec</value>
    <description>支持二级索引</description>
</property>
</configuration>
```

在项目的 resources 目录下创建并配置完成 Hbase-site.xml 文件后，单击 IntelliJ IDEA 中的“启动”按钮运行项目，具体如图 7-14 所示。

在 IntelliJ IDEA 控制台可查看项目的启动信息，具体如图 7-15 所示。

在图 7-15 中出现 Started SparkwebApplication…内容证明项目启动成功，在浏览器中输入 http://localhost:8080/top10 查看热门品类 Top10 数据可视化的展示效果，具体如图 7-16 所示。

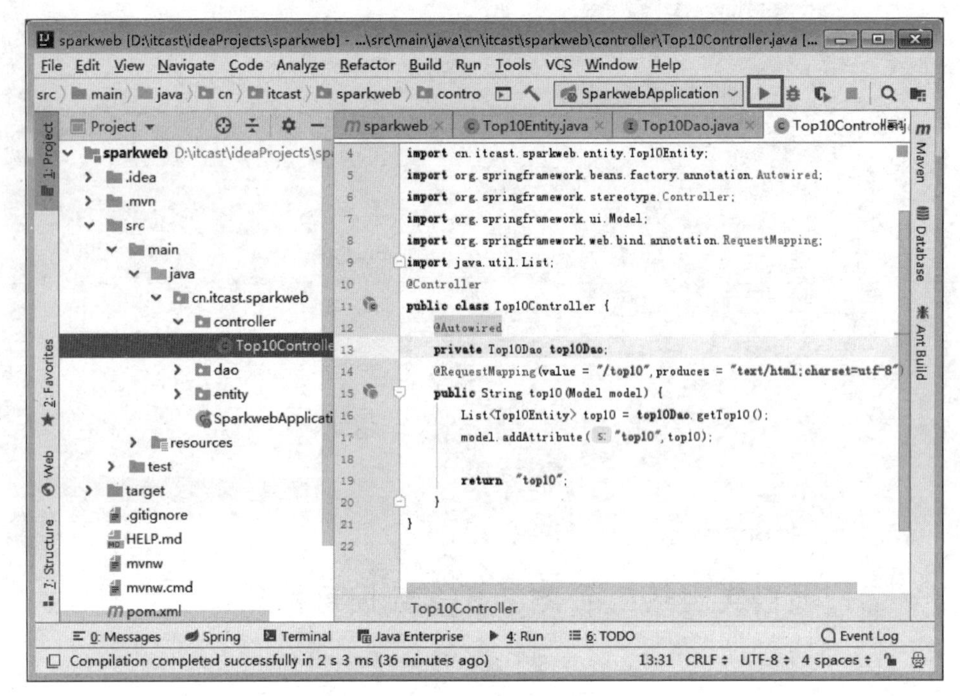

图 7-14　运行项目

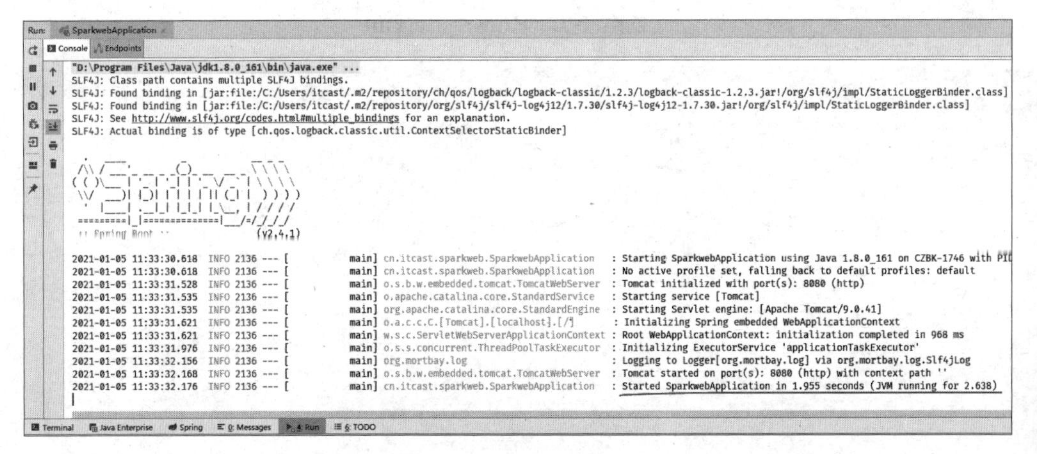

图 7-15　项目启动信息

脚下留心：配置 Hadoop 环境变量和映射文件

在 Windows 操作系统中添加 Hadoop 环境变量，具体操作步骤如下。

(1) 解压 Hadoop 在 Windows 下的安装包 hadoop-2.7.4-with-windows.tar.gz 到 D 盘的根目录下，解压完成后会自动生成 hadoop-2.7.4 文件夹，双击该文件夹进入 Hadoop 安装目录，具体如图 7-17 所示。

(2) 在 Windows 的系统环境变量中添加变量 HADOOP_HOME，变量值为 Hadoop 安装目录，具体如图 7-18 所示。

(3) 在 Windows 系统环境变量的 Path 变量中，添加值 D:\hadoop-2.7.4\bin。

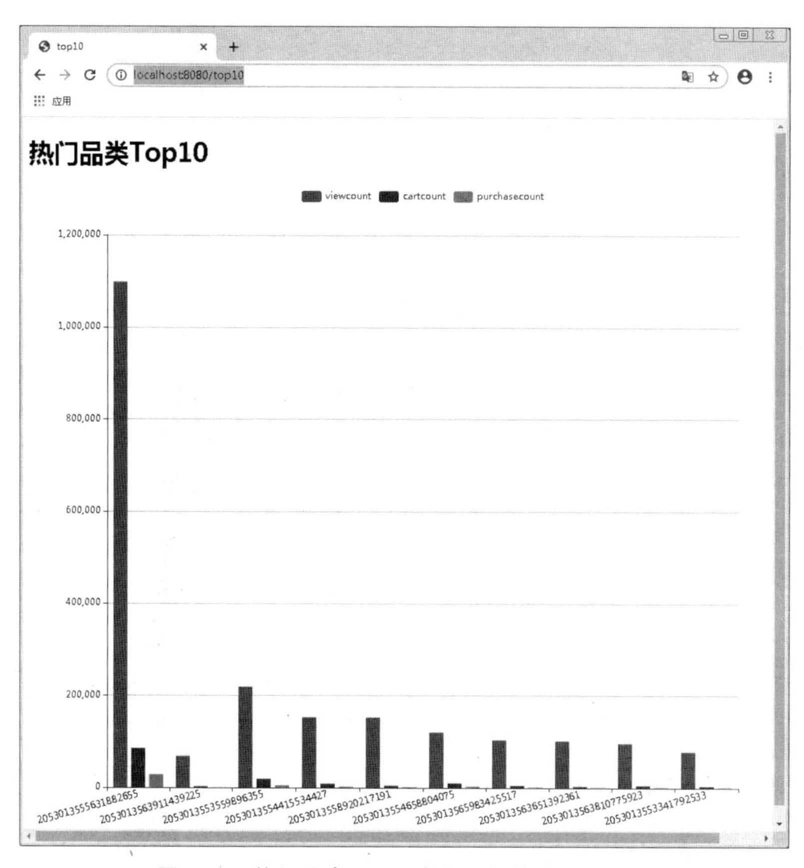

图 7-16　热门品类 Top10 数据可视化的展示效果

图 7-17　Hadoop 安装目录

图 7-18　添加变量 HADOOP_HOME

在 Windows 操作系统的 C:\Windows\System32\drivers\etchost 目录下编辑映射文件 host，添加如下内容。

```
192.168.121.132 spark01
192.168.121.133 spark02
192.168.121.134 spark03
```

7.5　实现各区域热门商品 Top3 数据可视化

第 4 章获取了各区域热门商品 Top3 的分析结果数据，为了提高这些数据的可读性，本节使用 ECharts 柱状图对其进行可视化展示。

7.5.1　创建实体类 Top3Entity

为了便于各区域热门商品 Top3 分析结果数据的传递，在项目的 entity 包中创建实体类 Top3Entity，存储 Phoenix 中表 top3 的数据，具体代码如文件 7-8 所示。

文件 7-8　Top3Entity.java

```
1    public class Top3Entity {
2        //商品 ID
3        private String product_id;
4        //商品查看次数
5        private String viewcount;
6        //区域名称
7        private String area;
8       //实现属性的 getter 和 setter 方法
9        ⋮
10   }
```

需要注意的是文件 7-8 中定义的属性名称需要与表 top3 的字段名称保持一致。

7.5.2　创建数据库访问接口 Top3Dao

在项目的 dao 包中创建一个数据库访问接口 Top3Dao，读取 Phoenix 中表 top3 的数据，具体代码如文件 7-9 所示。

文件 7-9　Top3Dao.java

```
1   import cn.itcast.sparkweb.entity.Top3Entity;
2   import org.apache.ibatis.annotations.Mapper;
3   import org.apache.ibatis.annotations.Select;
4   import java.util.List;
5   //Mapper 注解是 MyBatis 框架中定义的数据层接口,用于标记接口 Top3Dao 为映射接口
6   @Mapper
7   public interface Top3Dao {
8       //Select 注解用于指定查询操作的 SQL 语句
9       @Select("select \"product_id\",\"viewcount\",\"area\" from \"top3\"")
10      List<Top3Entity> getTop3();
11  }
```

在文件 7-9 中,第 10 行代码在接口 Top3Dao 中定义方法 getTop3(),该方法的返回值为集合 List,并且集合 List 的泛型为实体类 Top3Entity。getTop3()方法用于在 List 集合中存储表 top3 的数据。

7.5.3　创建控制器类 Top3Controller

在项目的 controller 包中创建控制器类 Top3Controller,用于实现接口 Top3Dao 中的方法 getTop3()读取表 top3 的数据,通过 Model 对象向 HTML 传递数据,具体代码如文件 7-10 所示。

文件 7-10　Top3Controller.java

```
1   import cn.itcast.sparkweb.dao.Top3Dao;
2   import cn.itcast.sparkweb.entity.Top3Entity;
3   import org.springframework.beans.factory.annotation.Autowired;
4   import org.springframework.stereotype.Controller;
5   import org.springframework.ui.Model;
6   import org.springframework.web.bind.annotation.RequestMapping;
7   import java.util.List;
8   //Controller 注解处理 HTTP 请求,将类中方法的返回值识别为模板页面文件夹中 HTML 文件名
9   @Controller
10  public class Top3Controller {
11      //Autowired 注解用于声明类的属性,属性类型为接口(Top3Dao)类型
12      @Autowired
13      private Top3Dao top3Dao;
14      //RequestMapping 注解用于处理 URL 请求,将 URL 请求映射到方法中
15      @RequestMapping(value ="/top3",produces ="text/html;charset=utf-8")
16      public String top3(Model model) {
17       List<Top3Entity> top3 =top3Dao.getTop3();
18       model.addAttribute("top3",top3);
19       return  "top3";
20      }
21  }
```

在文件 7-10 中,top3()方法用于实现接口 Top3Dao 中的方法 getTop3()读取表 top3

的数据，通过 Model 对象的 addAttribute()方法向 HTML 页面传递数据。addAttribute()方法传递了两个参数：其中第 1 个参数为 top3，表示 HTML 页面获取数据的参数；第 2 个参数为 top3，表示存储表 top3 数据的集合 top3。top3()方法的返回值 top3 表示 HTML 页面名称，此时需要在项目的 templates 目录下创建一个名称为 top3 的 HTML 文件。

7.5.4 创建 HTML 文件 top3.html

为了显示各区域热门商品 Top3 数据，需要在项目中的 templates 目录下创建 HTML 文件 top3.html，在该文件中通过 jQuery 获取 Model 对象传递到 HTML 的各区域热门商品 Top3 的数据，并将获取到的数据填充到 ECharts 柱状图模板中，实现各区域热门商品 Top3 数据的可视化展示，具体代码如文件 7-11 所示。

文件 7-11 top3.html

```
1    <!DOCTYPE html>
2    <html lang="en">
3    <head>
4        <meta charset="UTF-8">
5        <title>Title</title>
6    </head>
7    <body>
8    </body>
9    </html>
```

在<html>标签中引入依赖 Thymeleaf，具体代码如下。

```
<html lang="en" xmlns:th="http://www.thymeleaf.org">
```

在<head>标签中通过在线的方式引入依赖 jQuery 和 ECharts，并修改<title>标签中的内容为 top3，具体代码如下。

```
1    <head>
2        <meta charset="UTF-8">
3        <title>top3</title>
4        <script src="https://apps.bdimg.com/libs/jquery/2.1.4/jquery.min.js">
5        </script>
6        <script src="https://cdn.staticfile.org/echarts/4.3.0/echarts.min.js">
7        </script>
8    </head>
```

在<body>标签中定义 ECharts 柱状图模板，通过 jQuery 获取 Model 对象传递到 HTML 的各区域热门商品 Top3 的数据，并将获取到的数据填充到 ECharts 柱状图模板中，实现各区域热门商品 Top3 数据的可视化展示，具体代码如下。

```
1    <body>
2    <h1>各区域热门商品 Top3</h1>
```

```
3    <!--定义 ID 为 main 的<div />标签作为存放 ECharts 柱状图的容器-->
4    <div id ="main" style ="width: 100%;height: 800px;"></div>
5    <script th:inline="javascript">
6    $ (function(){
7        //获取 Model 对象传递到 HTML 的各区域热门商品 Top3 数据
8        var top3 =[[$ {top3}]];
9        //在 ID 为 main 的标签中初始化 ECharts 实例
10       var myChart =echarts.init(document.getElementById('main'));
11       var productdata =['area'];
12       var data =[];
13       //指定 ECharts 柱状图模板的配置
14       myChart.setOption({
15           legend: {},
16           tooltip: {},
17           dataset: {
18               dimensions: [],
19               source: []
20           },
21           xAxis: {
22               type: 'category',
23               axisLabel: {
24                   formatter:function(value)
25                   {
26                       return value.split("").join("\n");
27                   }
28               }
29           },
30           yAxis: {},
31           series: [
32               {type: 'bar'},
33               {type: 'bar'},
34               {type: 'bar'}
35           ]
36       });
37       //显示 ECharts 柱状图模板的加载提示
38       myChart.showLoading();
39       //遍历各区域热门商品 Top3 数据
40       $ .each(top3,function (index,value) {
41           var json ={};
42           var product_id =value.product_id;
43           var viewcount =parseInt(value.viewcount);
44           json["area"] =value.area;
45           json[product_id] =viewcount;
46           productdata.push(product_id)
47           data.push(json)
48       })
49       //隐藏 ECharts 柱状图模板的加载提示
50       myChart.hideLoading();
51       //指定 ECharts 柱状图模板的数据为数组 productdata 和 data
52       myChart.setOption({
53            dataset: {
54                dimensions: delRepeat2(productdata),
55                source: data
56             }
```

```
57          });
58      });
59      //定义方法 delRepeat2 用于除去数组中的重复数据
60      function delRepeat2(arr){
61          // 定义一个新数组
62          var newArr = [];
63          // 遍历传进来的数组
64          for(var i =0; i <arr.length; i++){
65              // 如果 newArr 里没有 arr[i]
66              if( newArr.indexOf(arr[i]) ==-1 ){
67                  // 把 arr[i]传进新数组
68                  newArr.push(arr[i]);
69              }
70          }
71          // 返回新数组
72          return newArr;
73      }
74      </script>
75      </body>
```

上述代码中，第 40～48 行遍历各区域热门商品 Top3 数据，首先将区域(area)和商品查看次数(viewcount)作为 Value 存储在 JSON 对象 json 中，它们的 Key 分为字符串(area)和商品 ID(product_id)，然后将商品 ID(product_id)存储在数组 productdata 中，最后将 JSON 对象存储在数组 data 中，作为填充到 ECharts 柱状图模板的数据。

7.5.5 运行项目实现各区域热门商品 Top3 数据可视化

在 IntelliJ IDEA 中单击“启动”按钮运行项目，项目启动成功后，在浏览器中输入 http://localhost:8080/top3 查看各区域热门商品 Top3 数据可视化的展示效果，如图 7-19 所示。

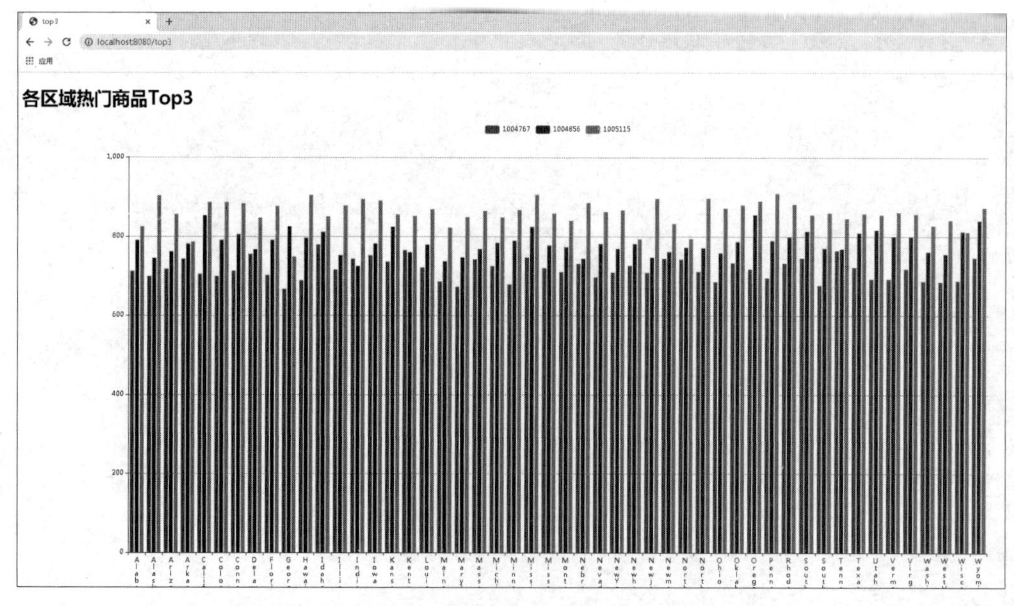

图 7-19 各区域热门商品 Top3 数据可视化的展示效果

7.6　实现页面单跳转化率数据可视化

第 5 章获取了页面单跳转化率统计结果数据，为了提高这些数据的可读性，本节使用 ECharts 柱状图对其进行可视化展示。

7.6.1　创建实体类 ConversionEntity

为了便于页面单跳转化率数据的传递，在项目的 entity 包中创建实体类 ConversionEntity，存储 Phoenix 中表 conversion 的数据，具体代码如文件 7-12 所示。

文件 7-12　ConversionEntity.java

```
1    public class ConversionEntity {
2        //页面单跳
3        private String convert_page;
4        //页面单跳转化率
5        private String convert_rage;
6        //实现属性的 getter 和 setter 方法
7        ⋮
8    }
```

需要注意的是，文件 7-12 中定义的属性名称需要与表 conversion 的字段名称保持一致。

7.6.2　创建数据库访问接口 ConversionDao

在项目的 dao 包中创建一个数据库访问接口 ConversionDao，读取 Phoenix 中表 conversion 的数据，具体代码如文件 7-13 所示。

文件 7-13　ConversionDao.java

```
1    import cn.itcast.sparkweb.entity.ConversionEntity;
2    import org.apache.ibatis.annotations.Mapper;
3    import org.apache.ibatis.annotations.Select;
4    import java.util.List;
5    //Mapper 注解是 MyBatis 框架中定义的数据层接口，用于标记接口 ConversionDao 为映射接口
6    @Mapper
7    public interface ConversionDao {
8        //Select 注解用于指定查询操作的 SQL 语句
9        @Select("select \"convert_page\",\"convert_rage\" from \"conversion\"")
10       List<ConversionEntity> getConversion();
11   }
```

在文件 7-13 中，第 10 行代码在接口 ConversionDao 中定义方法 getConversion()，该方法的返回值为集合 List，并且集合 List 的泛型为实体类 ConversionEntity。getConversion()方法用于在 List 集合中存储表 conversion 的数据。

7.6.3 创建控制器类 ConversionController

在项目的 controller 包中创建控制器类 ConversionController，用于实现接口 ConversionDao 中的 conversion()方法读取表 conversion 的数据，通过 Model 对象向 HTML 传递数据，具体代码如文件 7-14 所示。

文件 7-14 ConversionController.java

```
1   import cn.itcast.sparkweb.dao.ConversionDao;
2   import cn.itcast.sparkweb.entity.ConversionEntity;
3   import org.springframework.beans.factory.annotation.Autowired;
4   import org.springframework.stereotype.Controller;
5   import org.springframework.ui.Model;
6   import org.springframework.web.bind.annotation.RequestMapping;
7   import java.util.List;
8   //Controller 注解处理 HTTP 请求,将类中方法的返回值识别为模板页面文件夹中 HTML 文件名
9   @Controller
10  public class ConversionController {
11      //Autowired 注解用于声明类的属性,属性类型为接口(ConversionDao)类型
12      @Autowired
13      private ConversionDao conversionDao;
14      //RequestMapping 注解用于处理 URL 请求,将 URL 请求映射到方法中
15      @RequestMapping(value ="/conversion"
16              ,produces ="text/html;charset=utf-8")
17      public String conversion(Model model){
18          List<ConversionEntity> conversion =conversionDao.getConversion();
19          model.addAttribute("conversion",conversion);
20          return "conversion";
21      }
22  }
```

在文件 7-4 中，conversion()方法用于实现接口 ConversionDao 中的 getConversion()方法读取表 conversion 的数据，通过 Model 对象的 addAttribute()方法向 HTML 页面传递数据。addAttribute()方法传递了两个参数：其中第 1 个参数为 conversion，表示 HTML 页面获取数据的参数；第 2 个参数为 conversion，表示存储表 conversion 数据的集合 conversion。conversion()方法的返回值 conversion 表示 HTML 页面名称，此时需要在项目的 templates 目录下创建一个名称为 conversion 的 HTML 文件。

7.6.4 创建 HTML 文件 conversion.html

为了显示页面单跳转化率数据，需要在项目中的 templates 目录下创建 HTML 文件 conversion.html，在该文件中通过 jQuery 获取 Model 对象传递到 HTML 的页面单跳转化率数据，并将获取到的数据填充到 ECharts 柱状图模板中，实现页面单跳转化率数据的可视化展示，具体代码如文件 7-15 所示。

文件 7-15 conversion.html

```
1  <!DOCTYPE html>
2  <html lang="en">
3  <head>
4      <meta charset="UTF-8">
5      <title>Title</title>
6  </head>
7  <body>
8  </body>
9  </html>
```

在<html>标签中引入依赖 Thymeleaf，具体代码如下。

```
<html lang="en" xmlns:th="http://www.thymeleaf.org">
```

在<head>标签中通过在线的方式引入依赖 jQuery 和 ECharts，并修改<title>标签中的内容为 conversion，具体代码如下。

```
1   <head>
2       <meta charset="UTF-8">
3       <title>conversion</title>
4       <script src="https://apps.bdimg.com/libs/jquery/2.1.4/jquery.min.js">
5       </script>
6       <script src="https://cdn.staticfile.org/echarts/4.3.0/echarts.min.js">
7       </script>
8   </head>
```

在<body>标签中定义 ECharts 柱状图模板，通过 jQuery 获取 Model 对象传递到 HTML 的页面单跳转化率数据，并将获取到的数据填充到 ECharts 柱状图模板中，实现页面单跳转化率数据的可视化展示，具体代码如下。

```
1   <body>
2   <h1>页面单条转化率</h1>
3   <!--定义 ID 为 main 的<div />标签作为存放 ECharts 柱状图的容器-->
4   <div id ="main" style ="width: 100%;height: 800px;"></div>
5   <script th:inline="javascript">
6   $ (function() {
7       //获取 Model 对象传递到 HTML 的页面单跳转化率数据
8       var conversion =[[$ {conversion}]];
9       //在 ID 为 main 的标签中初始化 ECharts 实例
10      var myChart =echarts.init(document.getElementById('main'));
11      var page_arr =[];
12      var rage_arr =[];
13      //指定 ECharts 柱状图模板的配置
14      myChart.setOption({
15              tooltip: {},
16              xAxis: {
```

```
17                    type: 'category',
18                    data: [],
19                    axisLabel: {
20                        formatter:function(value)
21                        {
22                            return value.split("").join("\n");
23                        }
24                    }
25                },
26                yAxis: {
27                    type: 'value'
28                },
29                series: [{
30                    data:[],
31                    type: 'bar',
32                    showBackground: true,
33                    backgroundStyle: {
34                        color: 'rgba(220, 220, 220, 0.8)'
35                    }
36                }]
37            });
38        //显示 ECharts 柱状图模板的加载提示
39        myChart.showLoading();
40        //遍历页面单跳转化率数据 conversion
41        $ .each(conversion,function (index,value) {
42            var convert_page =value.convert_page;
43            var convert_rage =value.convert_rage;
44            page_arr.push(convert_page);
45            rage_arr.push(convert_rage);
46        })
47        //隐藏 ECharts 柱状图模板的加载提示
48        myChart.hideLoading();
49        //指定 ECharts 柱状图模板的数据为数组 page_arr 和 rage_arr
50        myChart.setOption({
51            xAxis: {
52                data: page_arr
53            },
54            series: [{
55                data: rage_arr
56            }]
57        });
58    })
59    </script>
60    </body>
```

上述代码中，第 41～46 行遍历页面单跳转化率数据 conversion，分别将 conversion 每一行数据中的页面单跳和页面单跳转化率，添加到数组 page_arr 和 rage_arr，作为填充到 ECharts 柱状图模板的数据。

7.6.5　运行项目实现页面单跳转化率数据可视化

在 IntelliJ IDEA 中单击启动按钮运行项目，项目启动成功后，在浏览器中输入 http://localhost:8080/conversion 查看页面单跳转化率数据可视化的展示效果，具体如图 7-20 所示。

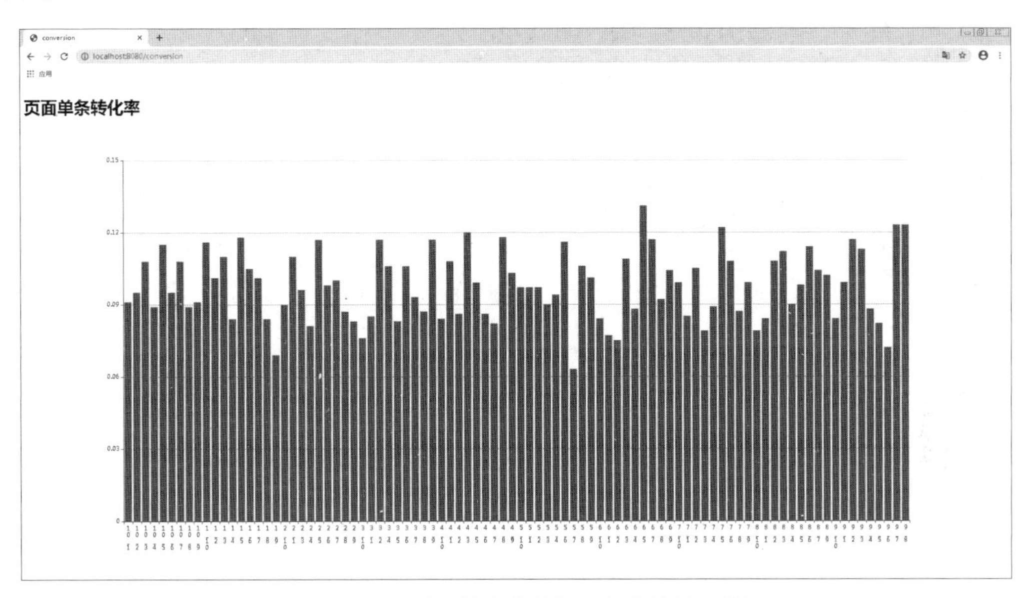

图 7-20　页面单跳转化率数据可视化的展示效果

7.7　实现广告点击流实时统计可视化

第 6 章获取了广告点击流实时统计结果数据，为了提高这些数据的可读性，本节使用 ECharts 柱状图对其进行可视化展示。

7.7.1　创建实体类 AdsEntity

为了便于广告点击流实时统计结果数据的传递，在项目的 entity 包中创建实体类 AdsEntity，存储 Phoenix 中表 adstream 的数据，具体代码如文件 7-16 所示。

文件 7-16　AdsEntity.java

```
1    public class AdsEntity {
2        //城市名称
3        private String area;
4        //广告点击流统计结果
5        private String count;
6        //广告 ID
7        private String ad;
```

```
8        //实现属性的 getter 和 setter 方法
9          ⋮
10   }
```

需要注意的是，文件 7-16 中定义的属性名称需要与表 adstream 的字段名称保持一致。

7.7.2 创建数据库访问接口 AdsDao

在项目的 dao 包中创建一个数据库访问接口 AdsDao，读取 Phoenix 中表 adstream 的数据，具体代码如文件 7-17 所示。

文件 7-17　AdsDao.java

```
1    import cn.itcast.sparkweb.entity.AdsEntity;
2    import org.apache.ibatis.annotations.Mapper;
3    import org.apache.ibatis.annotations.Select;
4    import java.util.List;
5    // Mapper 注解是 MyBatis 框架中定义的数据层接口，用于标记接口 AdsDao 为映射接口
6    @Mapper
7    public interface AdsDao {
8        // Select 注解用于指定查询操作的 SQL 语句
9        @Select("select \"area\",\"count\",\"ad\" from \"adstream\"")
10       List<AdsEntity> ads();
11   }
```

在文件 7-17 中，第 10 行代码在接口 AdsDao 中定义 ads()方法，该方法的返回值为集合 List，并且集合 List 的泛型为实体类 AdsEntity。ads()方法用于在 List 集合中存储表 adstream 的数据。

7.7.3 创建控制器类 AdsController

在项目的 controller 包中创建控制器类 AdsController，用于实现接口 AdsDao 中的 adsData()方法读取表 adstream 的数据，将此数据作为方法的返回值传递到 HTML，具体代码如文件 7-18 所示。

文件 7-18　AdsController.java

```
1    import cn.itcast.sparkweb.dao.AdsDao;
2    import cn.itcast.sparkweb.entity.AdsEntity;
3    import org.springframework.beans.factory.annotation.Autowired;
4    import org.springframework.stereotype.Controller;
5    import org.springframework.web.bind.annotation.RequestMapping;
6    import org.springframework.web.bind.annotation.RequestMethod;
7    import org.springframework.web.bind.annotation.ResponseBody;
8    import java.util.List;
9    @Controller
10   public class AdsController {
11       //Autowired 注解用于声明类的属性，属性类型为接口(AdsDao)类型
12       @Autowired
```

```
13        private AdsDao adsDao;
14        //这里的 RequestMapping 注解用于处理 URL 的 POST 请求,将 POST 请求映射到方法中
15        @RequestMapping(value ="/adsdata",method =RequestMethod.POST)
16        @ResponseBody
17        public List<AdsEntity>adsData(){
18            List<AdsEntity>ads =adsDao.ads();
19            return ads;
20        }
21        @RequestMapping(value ="/ads",produces ="text/html;charset=utf-8")
22        public String ads() {
23            return "ads";
24        }
25    }
```

上述代码中,注解@ Controller 和@ ResponseBody 结合使用时,方法的返回值转为 JSON 数据并写入 HTTP 响应,返回到 HTML 页面。

7.7.4　创建 HTML 文件 ads.html

为了显示广告点击流实时统计数据,需要在项目中的 templates 目录下创建 HTML 文件 ads.html,在该文件中,通过 jQuery 的 Ajax 处理控制器类 AdsController 中的 adsData() 方法返回的广告点击流实时统计数据,并将获取到的数据实时填充到 ECharts 柱状图模板中,实现广告点击流实时统计的可视化展示,具体代码如文件 7-19 所示。

文件 7-19　ads.html

```
1    <!DOCTYPE html>
2    <html lang="en">
3    <head>
4        <meta charset="UTF-8">
5        <title>Title</title>
6    </head>
7    <body>
8    </body>
9    </html>
```

在<head>标签中通过在线的方式引入依赖 jQuery 和 ECharts,并修改<title>标签中的内容为 ads,具体代码如下。

```
1    <head>
2        <meta charset="UTF-8">
3        <title>ads</title>
4        <script src="https://apps.bdimg.com/libs/jquery/2.1.4/jquery.min.js">
5        </script>
6        <script src="https://cdn.staticfile.org/echarts/4.3.0/echarts.min.js">
7        </script>
8    </head>
```

在<body>标签中定义 ECharts 柱状图模板,通过 jQuery 的 Ajax 处理控制器类

AdsController 中 adsData()方法返回的广告点击流实时统计数据,并将获取到的数据实时填充到 ECharts 柱状图模板中,实现广告点击流实时统计的可视化展示,具体代码如下。

```
1    <body>
2    <h1>广告点击流实时统计</h1>
3    <!--定义 ID 为 main 的<div />标签作为存放 ECharts 柱状图的容器-->
4    <div id ="main" style ="width: 100%;height: 800px;"></div>
5    <script>
6    $(document).ready(function() {
7        var data_arr =[];
8        //在 ID 为 main 的标签中初始化 ECharts 实例
9        var myChart =echarts.init(document.getElementById('main'));
10       //指定 ECharts 柱状图模板的配置
11       myChart.setOption({
12               legend: {},
13               tooltip: {},
14               dataset: {
15                   dimensions: ['ad','0','1','2','3','4','5','6','7','8','9'],
16                   source: []
17               },
18               xAxis: {type: 'category'},
19               yAxis: {},
20               series: [
21                   {type: 'bar'},
22                   {type: 'bar'},
23                   {type: 'bar'},
24                   {type: 'bar'},
25                   {type: 'bar'},
26                   {type: 'bar'},
27                   {type: 'bar'},
28                   {type: 'bar'},
29                   {type: 'bar'},
30                   {type: 'bar'}
31               ]
32           });
33       function getData() {
34           $.ajax({
35               //定义 HTTP 请求方式为 POST
36               type: "POST",
37               //定义 HTTP 请求地址为/adsdata
38               url: "/adsdata",
39               //定义数据类型为 JSON
40               dataType: "json",
41               //定义请求成功时的处理函数
42               success: function (data) {
43                   //显示 ECharts 柱状图模板的加载提示
44                   myChart.showLoading();
45                   //遍历广告点击流实时统计数据 data
46                   $.each(data, function (index, value) {
47                       var json ={};
48                       var city =value.area;
49                       var ad_count =parseInt(value.count);
50                       var ad_id =value.ad;
```

```
51                      json["ad"] =city;
52                      json[ad_id] =ad_count;
53                      data_arr.push(json)
54                  });
55                  //隐藏 ECharts 柱状图模板的加载提示
56                  myChart.hideLoading();
57                  //指定 ECharts 柱状图模板的数据为数组 data_arr
58                  myChart.setOption({
59                      dataset: {
60                          source: data_arr
61                      }
62                  });
63              },
64              //定义请求失败时的处理函数
65              error: function (e) {
66                  console.log(e)
67              }
68          });
69      }
70      //每隔 5s 执行一次 getData()方法
71      setInterval(getData,5000);
72  });
73  </script>
74  </body>
```

上述代码中,第 46～54 行遍历广告点击流实时统计数据 data,首先将城市(city)和点击次数(ad_count)作为 Value 存储在 JSON 对象 json 中,它们的 Key 分为字符串(ad)和广告 ID(ad_id),然后将 JSON 对象添加到数组 data_arr 中,作为填充到 ECharts 柱状图模板的数据。

7.7.5　运行项目实现广告点击流实时统计可视化

在运行项目前,首先需要开启 Kafka 集群,然后在 IDEA 中依次选择 File→Open 打开项目 SparkProject,最后在项目 SparkProject 中启动第 5 章实现的 MockRealTime 程序(生产用户广告点击流数据)和 AdsRealTime 程序(用户广告点击流数据实时统计并持久化统计结果)。

除此之外,因为在执行第 5 章广告点击流实时统计程序时,表 adstream 中已经插入了统计结果,所以为了数据的准确性,需要在 HBase 命令行工具中执行 truncate 'adstream'命令清空 HBase 数据库中 adstream 表的数据。

上述准备工作完成后,在项目 sparkweb 的主界面中单击"启动"按钮运行项目。项目启动成功后,在浏览器中输入 http://localhost:8080/ads 查看广告点击流实时统计可视化的展示效果,具体如图 7-21 所示。

在图 7-21 中可以看出,每个城市不同广告被点击的统计结果,因为该可视化效果为实时统计显示,所以读者在打开该页面时可能会出现部分城市的广告没有数据,待程序运行一段时间即可。

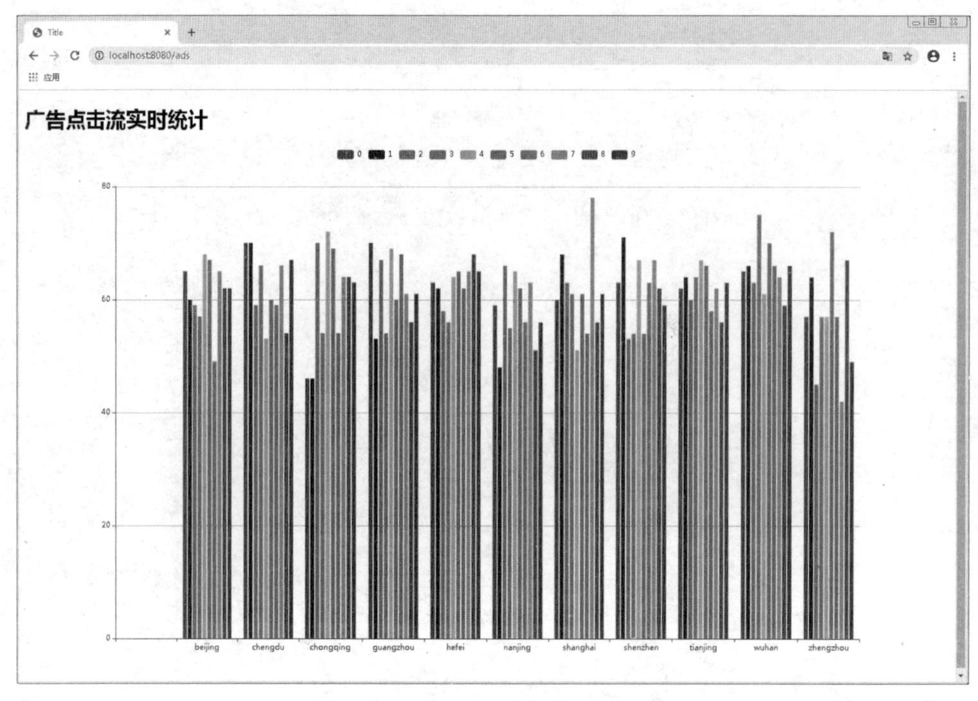

图 7-21 广告点击流实时统计可视化的展示效果

7.8 本章小结

本章主要讲解了如何实现数据的可视化展示。首先，对实现可视化的技术以及系统架构进行详细讲解，使读者对实现数据可视化有了初步认知。接着，通过集成 Phoenix 与 HBase 实现将 HBase 中的数据映射到 Phoenix，通过 JDBC 连接 Phoenix 获取分析结果。然后，讲解了如何创建和配置 Spring Boot 项目。最后，在 Spring Boot 项目中编写相关类、接口以及 HTML 页面实现热门品类 Top10、各区域热门商品 Top3、页面单跳转化率以及广告点击流实时统计的可视化。通过本章的学习，读者应掌握 Phoenix 的使用，以及如何通过 Spring Boot 项目实现数据可视化展示。